北京财贸职业学院资助出版

U0155904

张瑞亭　著

模糊支持张量机

分类算法研究

知识产权出版社
全国百佳图书出版单位
——北京——

图书在版编目（CIP）数据

模糊支持张量机分类算法研究 / 张瑞亭著 . — 北京 : 知识产权出版社 , 2022.1
ISBN 978-7-5130-8000-2

Ⅰ . ①模… Ⅱ . ①张… Ⅲ . ①机器学习—张量分析Ⅳ . ① TP181

中国版本图书馆 CIP 数据核字 (2021) 第 267970 号

内容提要

本书基于大数据、人工智能中模式分类的研究，以向量数据的机器学习方法为基础，从最优化角度研究张量数据的学习问题，特别关注张量数据分类问题的新模型的建立及其最优化算法的设计。本书所构建的张量数据分类模型，无论从计算时间、计算复杂度，还是从分类精度，都表现出该算法的优越性，能够使读者比较全面地了解张量数据分类模型和算法设计。

本书适用于人工智能、数据挖掘专业高年级本科生或研究生阅读。

责任编辑：王　辉　　　　　　　**责任印制：**孙婷婷

模糊支持张量机分类算法研究
MOHU ZHICHI ZHANGLIANGJI FENLEI SUANFA YANJIU

张瑞亭　著

出版发行：知识产权出版社有限责任公司	**网　　址：**http://www.ipph.cn
电　　话：010-82004826	http://www.laichushu.com
社　　址：北京市海淀区气象路 50 号院	**邮　　编：**100081
责编电话：010-82000860 转 8381	**责编邮箱：**laichushu@cnipr.com
发行电话：010-82000860 转 8101	**发行传真：**010-82000893
印　　刷：北京中献拓方科技发展有限公司	**经　　销：**新华书店及相关销售网点
开　　本：720 mm × 1000 mm　1/16	**印　　张：**7.5
版　　次：2022 年 1 月第 1 版	**印　　次：**2022 年 1 月第 1 次印刷
总 字 数：120 千字	**定　　价：**35.00 元
ISBN 978-7-5130-8000-2	

符号表

$\tilde{T}/\hat{T}/\overline{T}/T$	训练集
$\tilde{\mathbb{S}}/\mathbb{S}$	输出空间
(x_i, y_i)	训练点
l	训练点的个数
$\mathbb{Y}$	输出空间
$\mathrm{sgn}(\cdot)$	符号函数
x, y	向量
X, Y	矩阵
$\mathbf{X}, \mathbf{Y}$	张量
$x_i/X_i/\mathbf{X}_i$	第 i 个向量/矩阵/张量输入
$x_{(i)}/x_{(ij)}/x_{(ij\cdots k)}$	向量/矩阵/张量的分量
y_i	第 i 个输出
$\langle \cdot, \cdot \rangle$	内积运算
$\otimes$	外积运算
$\|\cdot\|_0/\|\cdot\|_1/\|\cdot\|_2$	向量的 0 范数/1 范数/2 范数
$d_{\mathrm{E}}(\cdot, \cdot)$	欧氏距离
$d(\cdot, \cdot)$	距离
$\mathbb{R}^n$	n 维欧氏空间
w	权向量

W	权矩阵
$\mathbf{W}$	权张量
b	阈值
C/λ	惩罚参数
ξ	松弛变量
α/β	对偶变量
$\mathscr{H}$	Hilbert 空间
$K(\cdot,\cdot)$	核函数
Σ	协方差矩阵
S_b	类间散布矩阵
S_w	类内散布矩阵
$\mathbb{R}^{I_1}\otimes\mathbb{R}^{I_2}$	矩阵空间
$\mathbb{R}^{I_1}\otimes\cdots\otimes\mathbb{R}^{I_M}$	M 阶张量空间
$X_{(k)}$	张量 X 的 k 模矩阵化展开
$\|\cdot\|_F$	矩阵/张量 X 的 F 范数
$\|\cdot\|_*$	核范数
$\|\cdot\|_\infty$	无穷范数
$\|\cdot\|_{2,1}$	矩阵 $L_{2,1}$ 范数
$\times_k$	张量的 k 模乘积
$\otimes_{\text{Ker}}$	Kronecker 乘积
$\odot$	Khatri-Rao 乘积
$\text{vec}(\cdot)$	向量化函数

目　录

第1章 绪 论

随着计算机和信息技术的不断更新，人们获取数据的方法越来越多，各种高维、复杂结构的数据大幅度增加，对传统的机器学习方法提出新的挑战。这些数据呈现海量和多元化的增长趋势，数据分布特征未知，数据结构复杂多样。例如，人脸识别中的灰度图像、彩色图像，常见的音频视频、图像序列，医学上的脑电波图谱等数据。对于日常生活中客观存在的这些数据，如何挖掘它们之间的内在关联以及隐含的信息，已经成为数据挖掘领域中的一项重要内容。

1.1 研究背景与意义

支持向量机（Support vector machine，SVM）是由 Corinna Cortes 和 Vapnik 等于 1995 年提出，它采用结构风险最小化替代传统的经验风险最小化[1]。SVM 作为数据挖掘和机器学习中一种新的方法，具有坚实的理论基础和直观的几何解释，在解决高维小样本、非线性分类问题时具有出色的表现，已成为解决模式分类问题的经典方法。

在实际问题中，有的训练数据集会含有噪声或孤立点。支持向量机在构造分类器的时候，并没有区分噪声或孤立点，而是平等地对待所有样本点，一定程度上会影响最优超平面的形成。针对这种情况，如何提高支持向量机模型的鲁棒性，一直是模式识别和机器学习研究领域中的重要内容。2001 年，日本学者 Takuga 等针对多分类支持向量机中存在决策盲区，提出了多分类模糊支持向量机。为了处理训练数据集中存在的噪声或孤立点敏感的问题，一些模糊支持向量机（Fuzzy Support Vector Machine，FSVM）模型及算法相继出现[2-23]。模糊支持向量机的原理就是根据不同训练样本点对分类的贡献不同，在标准的支持向量机里，引入模糊隶属度函数，以此消弱噪声或孤立点对分类的影响。在一定程度上，提高了模式识别能力。

传统的支持向量机模型是基于向量空间进行学习的，也就是说，针对训练的原始数据集是用向量表示的数据，向量的分量表示的是属性，维数表示属性的个数。但在实际问题中，经常遇到用张量（Tensor）来表示的数据[24]。

张量理论是数学的一个分支学科，从代数角度讲，张量是向量的推广。特别地，标量是零阶张量，向量是一阶张量，矩阵是二阶张量。关于张量的理论基础，我们在第二章中详细叙述。

在计算机视觉和模式分类中，常见的灰度图片可以表示为二阶张量，彩色图片可以表示为三阶张量。如图 1.1 和图 1.2 所示。

图 1.1　二阶张量示例　　　　　图 1.2　三阶张量示例

基于传统的数据挖掘方法，在处理图片和图像等问题时，首先把张量数据转化为向量数据，然后利用基于向量的数据挖掘方法处理。这种处理方式会导致以下问题出现[25-31]：

（1）从数据结构角度来看，张量的数据结构被破坏后可能会丢失一部分结构信息；

（2）从计算角度分析，张量转化为向量之后，更容易出现高维小样本问题。

因此，为了保持张量数据的结构信息，越来越多的研究人员致力于研究直接以张量数据为输入的数据挖掘方法。这些方法主要包括：第一，减少原始张量数据的维数，即降维，然后利用基于向量的学习方法进行训练预测。例如，线性判别分析（LDA），主成分分析（PCA）等学习方法[32-35]。第二，直接对张量数据进行分类学习，可以避免丢失张量数据的结构信息，避免出现高维小样本现象。例如，人脸识别等图像处理方法，核磁共振分析和脑电波图谱分析等在生物信息学上的应用[36-38]。

但是，和支持向量机类似，支持张量机模型对数据集中的孤立点和噪声同样敏感，为了更好的处理张量数据集中孤立点和噪声的干扰，把模糊支持向量机模型推广到张量空间意义重大。本书采用张量作为输入数据，根据不同输入样本对分类的贡献大小，为每一个样本点赋予一个隶属度，以便削弱噪声或孤立点对分类的影响。

1.2　国内外研究现状

1.2.1　支持张量机研究现状

基于张量数据的数据挖掘方法，受到众多研究人员的关注[39-47]。

Tao 在 2005 年首次提出了基于有监督的张量机器学习方法[25]，文章的基本思想是基于向量的机器学习方法都可以被推广到张量空间。

2006 年，Cai 等人通过对矩阵子空间的分析，提出了秩一支持张量机（Rank-one Support Tensor Machine，R1-STM）模型[26]，秩一支持张量机主要是基于矩阵数据的学习方法。在此基础上，Cai 等人又将其中的部分方法从二阶张量空间推广到更高阶的张量空间[48]。

2007 年，以张量秩一分解为基础，Tao 提出了有监督的张量学习（Supervised Tensor Learning）的框架[27]。

2011 年，Kotsia 提出了高秩支持张量机（Higher Rank Support Tensor Machine，HR-STM）。这种模型并没有受到秩一约束，从而更多地保留了张量数据构信息[28-29]。

值得一提的是，以上基于张量数据的支持张量机模型都是针对原问题提出的，且都使用了交替投影迭代算法，此算法的缺点是：计算时间长、存储空间大、得到的解是局部最优解。

2013 年，为了克服上述缺点，结合支持张量机对偶问题和张量的 CP 分解，Hao 提出了线性高阶支持张量机（Linear Support Higher-Order Tensor Machine，SHTM）[47]。SHTM 算法的求解优势在于避免了交替投影迭代，这样可以大大减少计算时间，同时也可以得到全局最优解。

除了在模型上的推广之外，近几年，基于张量数据的降维方法也是张量学习的另一个热门研究领域。

2004 年，Yang 基于张量数据，给出二维主成分分析——二维 PCA 模型[49]，其基本原理就是通过求解一个映射，利用这个映射把矩阵投影成为规模较小的向量或矩阵实现降维。

2005 年，Cai 等人从主成分分析、线性判别分析角度实现对矩阵的降维，提出了二阶张量 PCA 模型和二阶张量 LDA 方法[48]。

2007 年，Yan 提出基于张量的多线性判别分析[40]，2008 年，Lu 提出基于张量的主成分分析[41]。

2012 年，基于距离测度，Liu 提出了基于张量距离的多线性全局保持嵌入降维方法[46]。

2014 年，Li 提出基于张量数据的多线性判别分析方法[42]，和文献[40]相比，这种方法避免了交替迭代算法，节约了计算时间。

2016 年，余可鸣针对样本数量大、冗余样本多的数据集，提出了一种在线稀疏张量学习算法——在线最小二乘支持张量机[50]（Online Least-Square Support Tensor Machine，OLS-STM），使得算法的空间复杂度与样本个数无关。

和支持向量机处理非线性可分问题方法类似，支持张量机同样可以处理非线性可分问题。一般常用的方法是引入核函数。和向量核函数的结构类似，目前存在的张量核函数主要可分为以下四种：朴素（Naive）张量核函数[51]、数组型张量核函数[52-53]、传统张量核函数和保持张量结构的张量核函数[54]。

由于张量学习模型和方法的出色表现，国内外研究人员越来越重视对张量理论和应用的研究，并且相继取得了一些成果[55-66]。

1.2.2 模糊支持向量机研究现状

在实际分类问题中，针对数据集通常包含噪声或孤立点的情况，为了提高分类器的鲁棒性，近年来，研究人员相继提出了如下模糊支持向量机模型及算法：

2001 年，日本学者 Takuga 等针对多分类支持向量机中存在决策盲区，分类器可能对某个待分样本无法准确分类的情况，提出了多分类模糊支持向量机[2]。2002 年，我国台湾学者 H-P Huang 和 Y-H Liu 提出模糊支持向量机[3]，其基本原理是：根据训练点对分类的贡献程度，给训练集中不同的训练点分别赋予一个不同的隶属度，以此消弱孤立点和噪声对最优超平面的影响。在一定程度上，解决了支持向量机对孤立点和噪声敏感的问题。2002 年，Takuga 与 Shigeo 提出模糊最小二乘支持向量机[4]（Fuzzy Least Squares Fuzzy Support Vector Machine，FLSSVM）；同年，Suykens 等提出了加权最小二乘支持向量机[5]（Weighted Least Squares Fuzzy Support Vector Machine，W-FLSSVM）。2004 年，Jayadeva 等人提出了模糊中心支持向量机[6]（Fuzzy Proximal Fuzzy Support Vector Machine，FPSVM）；随后 Tao 等人结合后验概率的贝叶斯理论，从概率角度提出了一种新的模糊支持向量机模型[7]。2005 年，杨志明提出了三种模糊支持向量机模型[8]；同年，针对数据集两类样本点确定隶属度时，Wang 等人提出了双边的模糊支持向量机[9]（Bilateral-Weighting Fuzzy support vector machine，BW-FSVM），主要解决信用评估的分类问题。2009 年，Wu 等人结合模糊三角函数和小波支持向量机，通过定义一个新的分段损失函数，提出了一种基于混合噪声的模糊小波支持向量机[10-12]。2011 年，杨晓伟等人提出了基于模糊 c 均值距离的模糊支持向量机[13]。2013 年，针对数据集中正负类的分布特征不同，安文娟等人提出类内间隔的模糊支持向量机[14]。2015 年，王伟等人通过对二次规划函数和拉格朗日函数的改进，提出了一种基于混合隶属度的模糊简约双支持向量机[15]。2016 年，秦传东等人提出一种基于可变隶属度的模糊双支持向量机[16]。

在模糊支持向量机中，学习模型推广能力的好坏直接受隶属度函数的影响，如何选择模糊隶属度函数是模糊支持向量机的一个关键环节。2002 年，H-P Huang[3]在模糊支持向量机模型中，通过样本点到类中心的距离，定义隶属度函数，将隶属度看成样本到类中心距离的线性函数。其基本思想是：距离类中心较近的样本点，赋予一个较大的隶属度，反之距离类中心较远的样本点，赋予一个较小的隶属度。2006 年，Jiang 等[17]通过引入映射，在高维特征空间中，定义类中心的模糊隶属度函数，可以看作是文献[3]中隶属度函数从输入空间到特征空间的推广。

在实际应用中，线性函数并不能较好地反映距离和隶属度的关系，考虑到数据的分布特征、数据的概率密度等，研究人员相继提出了一些新的隶属度函数[18-23]。

1.2.3 模糊支持张量机研究现状

模糊支持向量机的理论和应用研究相对成熟，但在在张量空间，对于模糊支持张量机的研究还处于起步阶段。2012 年，邢笛等基于矩阵数据集，把模糊支持向量机从向量空间向张量空间进行推广，提出了模糊支持张量机[67]（Fuzzy Support Tensor Machine，FSTM），FSTM 受到权重张量秩一约束，模糊隶属度函数是基于输入空间下欧氏距离计算的。2014 年，蔡燕在张量输入空间结合闭包思想，提出一种基于样本到估计分类超平面距离的隶属度计算方法[68]。

1.3 研究目标和研究内容

本书拟在张量表示和最优化理论研究的基础上，结合模糊支持向量机和支持张量机的优点，为了提升分类模型的学习效率，探索采用张量数据作为输入模式，根据训练样本点对分类决策的贡献程度大小不同，分别给每一个样本点赋予一个模糊隶属度，以构建模糊支持张量机的新模型，从而减弱孤立点和噪声对分类的影响的方法。

支持张量机模型是支持向量机模型的推广，在模式分类中愈发凸显其优越性。本书重点研究基于张量数据的模糊支持张量机模型、优化算法以及应用，研究内容的总体框架如图 1.3 所示。

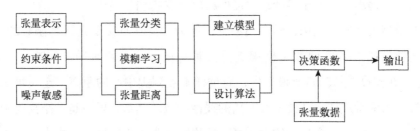

图 1.3 研究内容总体框架图

本书主要研究内容包含以下四个方面：

（1）构建线性模糊中心支持张量机（Linear Fuzzy Proximal Support Tensor Machines，FPSTM）和非线性模糊中心支持张量机（Kernel Fuzzy Proximal Support Tensor Machines，K-FPSTM）。为了保持数据的结构信息，该模型以二阶张量作为输入数据，遵循最大间隔原则，将二分类问题中的正类点和负类点分开，从而实现对目标类的识别。为保持数据的结构信息，本书采用交替投影迭代算法对模型进行求解，并给出了算法的收敛性证明。对于非线性可分问题，通过在其对偶问题中引入一种新的张量核函数，构建了基于张量核函数的模糊中心支持张量机，该模型及其算法不受传统支持张量机秩一的约束，求解过程只需要一步，可以节省计算时间。

（2）构建线性模糊限定双子支持张量机（Fuzzy Twin Bounded Support Tensor Machines，FTBSTM）和非线性模糊限定双子支持张量机（Kernel Fuzzy Twin Bounded Support Tensor Machines，K-FTBSTM）。为了保持数据的结构信息，该模型以二阶张量作为输入数据，通过张量的秩一约束，遵循最大间隔原则，将一个优化问题分成两个较小的优化问题。本书采用交替超松弛投影算法对模型进行求解，并给出了算法的收敛性证明。该算法在保持分类精度的情况下，减少了计算时间。对于非线性可分问题，通过非线性映射，构建了基于张量核函数的模糊限定双子支持张量机。

（3）构建基于张量距离的模糊中心支持张量机（Tensor Distance based Fuzzy Proximal Support Tensor Machines，TD-FPSTM）。为了摆脱支持张量机中的秩一约束条件，避免交替投影算法的求解过程，同时考虑到欧几里得度量张量数据存在一定的局限性。本书通过引入一种新的张量距离度量方式，充分利用了特征的位置关系，一定程度上保持了张量数据的结构信息。模型的求解通过计算一个线性方程组完成，避免了权重张量的秩一约束，计算时间优势比较突出。

（4）构建基于张量距离的模糊限定双子支持张量机模型（Tensor Distance based Fuzzy Twin Bounded Support Tensor Machines，TD-FTBSTM）。该模型同样以二阶张量为输入，保持了张量数据的结构信息。通过在训练数据集中添加随机噪声的方法，验证了该算法的泛化能力和鲁棒性。

1.4　本书的组织结构

本书的组织结构安排如下：

第 1 章首先给出了本书的研究背景和意义，详细概述了模糊支持向量机和支持张量机的研究现状，以及本书的研究思路，最后简要介绍了本书的研究内容和组织结构。

第 2 章重点介绍了支持向量机理论以及支持向量机模型的拓展变型，如最小二乘支持向量机、中心支持向量机等模型。然后介绍了模糊支持向量机的基本模型，以及几种经典的模糊支持向量机模型及其算法。最后介绍了张量理论基础以及几种典型的支持张量机模型及算法。

第 3 章基于张量表示数据的优点，结合模糊支持向量机在解决分类问题中的出色表现，为了提高分类问题的泛化能力，本章将模糊隶属度函数应用到张量学习模型，提出模糊中心支持张量机。然后，为了更有效地保持数据的结构信息，类似于支持向量机处理非线性分类问题，通过引入张量核函数将样本从输入空间映射到一个高维特征空间，构建了基于张量核函数的模糊中心支持张量机。为了验证所构建算法的优势，本章将该算法在张量数据集和向量数据集分别进行数值实验。在张量数据集实验中，多个数据集数值实验验证了所提模型的有效性。在向量数据集实验中，本书更多地关注张量算法在解决高维小样本问题时所表现的分类性能。

第 4 章构建了模糊限定双子支持张量机模型。本章以二阶张量为研究对象，遵循最大间隔原则，采用交替超松弛投影算法对模型进行求解，并给出了算法的收敛性证明。对于非线性可分问题，通过非线性映射，构建了基于张量核函数的模糊限定双子支持张量机。为了验证本章构建的算法的优势，我们将该算法在多组张量数据集上分别进行数值实验，结果表明，该算法在保持分类精度的情况下，减少了计算时间。

第 5 章为了摆脱支持张量机中的秩一约束条件，同时避免交替投影算法的迭代求解过程，本章利用适合张量数据的距离测度，构建了基于张量距离的模糊中心支持张量机模型，并给出了相应的求解算法。

第 6 章为更好保持张量数据的结构信息，构建了基于张量距离的模糊限定双子支持张量机模型，该模型保持了张量数据的结构信息，避免了张量权重的秩一约束条件，求解速度更快。

第 7 章对本书工作进行了总结，并对未来工作做了进一步的展望。

第2章　预备知识

模式分类（Pattern Classification，PC）问题是模式识别领域的一项重要内容，在机器学习、人工智能以及模式识别等领域中已经获得了广泛、深入地研究，由此也产生了许多分类方法。

本章，我们首先介绍分类问题的本质，然后重点介绍在解决高维小样本、非线性可分等问题中表现出色的支持向量机模型及算法。然后针对数据集通常会有噪声或孤立点的情况，重点介绍几种经典模糊支持向量机模型及算法。本章最后介绍张量理论基础和几种典型的支持张量机模型及算法。

2.1　支持向量机

对于分类问题，可以具体描述为：从一个训练数据集中训练学习出一个分类器，对于任意给定的一个新的测试样本，通过该分类器推断新样本所属标签的过程。

一般地，可考虑 n 维欧式空间 $\mathbb{R}^n$ 上的分类问题，它包含 n 个属性（即 $x \in \mathbb{R}^n$）和 l 个训练点。记这 l 个训练点组成的集合为训练集

$$T = \{(x_1, y_1), \cdots, (x_l, y_l)\}$$

其中，$x_i \in R^n$ 是输入；$y_i \in \{-1, +1\}$ 是样本 x_i 的标签；$i = 1, 2, \cdots, l$。这时，我们通过对训练集的分类学习，训练出一个实值函数 $f(x)$，得到决策函数 $f(x) = \mathrm{sgn}(g(x))$。对于任意给定的一个新的输入 x，根据决策函数，判别它属于的类别，即推断出它对应的输出标签 y 是+1 还是−1。

建立在统计学习理论的 VC 维（Vapnik-Chervonenkis Dimension）理论基础上，Corinna Cortes 和 Vapnik 等人于 1995 年首先提出了支持向量机[1]，其基本原理是使用结构风险最小化替代传统的经验风险最小化，以期获得较好的推广能

力。支持向量机本质上是一个二次优化问题，因此，支持向量机能保证所得到的解是最优解。

2.1.1 线性可分的支持向量机

对于一个二分类问题，假设给定训练集为

$$T = \{(x_1, y_1), \cdots, (x_l, y_l)\} \in (\mathbb{R}^n \times \mathbb{Y})^l \tag{2-1}$$

其中，$x_i \in \mathbb{R}^n$ 为训练点，$y_i \in \mathbb{Y} = \{+1, -1\}$，$i = 1, \cdots, l$ 为训练点所对应的标签。实质上，SVM 是在 $\mathbb{R}^n$ 空间中，寻找一个实值函数 $g(x)$，从而用决策函数

$$f(x) = \text{sgn}(g(x)) \tag{2-2}$$

来推测任一输入 x 所对应的标签 y，通常情况下，$g(x) = w^T x + b$。

以 $x_i \in \mathbb{R}^2$ 为例，显然，能将两类点正确分开的直线有很多，如何找到最优的直线，支持向量机采用了最大间隔原则，即让式（2-3）中两条直线的距离 $\dfrac{2}{\|w\|_2}$ 最大，如图 2.1 所示。

$$w^T x + b = 1 \text{ 和 } w^T x + b = -1 \tag{2-3}$$

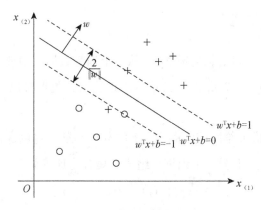

图 2.1 最大间隔原则

综上所述，支持向量机问题的优化模型如下：

$$\min_{w, b, \xi} \quad \frac{1}{2}\|w\|_2^2 + C\sum_{i=1}^{l} \xi_i$$

$$\text{s. t.} \quad y_i(w^T x_i + b) \geqslant 1 - \xi_i \tag{2-4}$$

$$\xi_i \geqslant 0, \ i = 1, \cdots, l$$

其中，$w \in \mathbb{R}^n$，$b \in \mathbb{R}$，$\xi = (\xi_1, \cdots, \xi_l)^T$ 为松弛向量，$C > 0$ 为惩罚参数，根据支持向量机的最大间隔原则，需要最小化目标函数 $\dfrac{\|w\|_2^2}{2}$，又要减少错分程度，即最小化 $\sum\limits_{i=1}^{l} \xi_i$。所以，参数 C 的大小体现的是对二者重视程度的权衡。

定理 2.1

最优化问题

$$\min_{\alpha_i|_{i=1}^l} \quad \frac{1}{2}\sum_{i=1}^{l}\sum_{j=1}^{l}\alpha_i\alpha_j y_i y_j x_i^T x_j - \sum_{i=1}^{l}\alpha_i$$

$$\text{s. t.} \quad \sum_{i=1}^{l}\alpha_i y_i = 0 \tag{2-5}$$

$$0 \leqslant \alpha_i \leqslant C, \ i = 1, \cdots, l$$

是原问题（2-4）的对偶问题。

证明 首先引进原问题（2-4）的 Lagrange 函数：

$$L(w, b, \xi, \alpha, \beta) = \frac{1}{2}\|w\|_2^2 + C\sum_{i=1}^{l}\xi_i - \sum_{i=1}^{l}\alpha_i[y_i(w^T x_i + b) - 1 + \xi_i] -$$

$$\sum_{i=1}^{l}\beta_i\xi_i \tag{2-6}$$

$\alpha_i \geqslant 0$ 和 $\beta_i \geqslant 0$ 为 Lagrange 乘子。

由最优性条件，通过 Lagrange 函数对变量 w，b 和 ξ_i 求偏导，得到

$$\begin{cases} \dfrac{\partial L}{\partial w} = 0 \Rightarrow w = \sum\limits_{i=1}^{l}\alpha_i y_i x_i \\ \dfrac{\partial L}{\partial b} = 0 \Rightarrow \sum\limits_{i=1}^{l}\alpha_i y_i = 0 \\ \dfrac{\partial L}{\partial \xi_i} = 0 \Rightarrow C - \alpha_i - \beta_i = 0 \end{cases} \tag{2-7}$$

将（2-7）代入到（2-6）中，就可以得到原问题（2-4）的对偶问题（2-5）。

事实上，优化问题（2-5）是一个凸二次规划问题，求解得到决策函数：

$$f(x) = \text{sgn}\Big(\sum_{i=1}^{l}\alpha_i y_i x_i^T x + b\Big) \tag{2-8}$$

下面具体介绍在求解两分类问题时，线性支持向量机的优化算法：

算法 2.1（SVM）

第一步：输入训练集 $T = \{(x_1, y_1), \cdots, (x_l, y_l)\} \in (\mathbb{R}^n \times \mathbb{Y})^l$，$x_i \in \mathbb{R}^n$，$y_i \in \mathbb{Y} = \{+1, -1\}$，$i = 1, \cdots, l$，选择适当的惩罚参数 $C > 0$；

第二步：求解原问题（2-4）的对偶问题（2-5），得解 $\alpha^* = (\alpha_1^*, \cdots, \alpha_l^*)^T$；

第三步：计算 $w^* = \sum_{i=1}^{l} \alpha_i^* x_i y_i$，选取位于开区间 $(0, C)$ 中的 α^* 的分量 α_j^*，据此计算

$$b^* = y_j - \sum_{i=1}^{l} \alpha_i^* y_i x_i^T x_j;$$

第四步：构造最优超平面 $w^{*T}x + b^* = 0$，由此，得到决策函数

$$f(x) = \text{sgn}\Big(\sum_{i=1}^{l} \alpha_i^* y_i x_i^T x + b^*\Big)$$

2.1.2 非线性可分的支持向量机

在实际分类问题中，经常遇到数据集是非线性可分的，如图 2.2（a）所示。对于非线性分类问题[70-72]，如果采用 2.1.1 介绍的线性分类方法来进行分划，效果不理想，甚至行不通。既然很多情况下，训练数据集是非线性可分的，为了使用线性分类器将支持向量机（2-4）从"线性划分"推广到"非线性划分"，为此引入一个非线性映射 φ，从而将原始数据从输入空间映射到一个维数较高的 Hilbert 特征空间，实现把输入空间的非线性分类问题映射成高维 Hilbert 特征空间中的线性分类问题，然后在高维 Hilbert 特征空间，基于最大间隔原则，寻找最优的超平面，如图 2.2（b）所示。

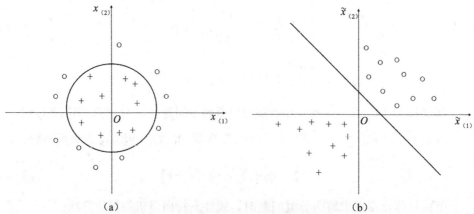

(a)   (b)

图 2.2 从非线性可分问题到线性可分问题

首先，引入从 $\mathbb{R}^n$ 到 Hilbert 空间 $\mathscr{H}$ 的变换

$$\varphi: \mathbb{R}^n \to \mathscr{H}, \ x \mapsto \varphi(x) \tag{2-9}$$

这样，类似于 2.1.1 节讨论的线性可分支持向量机，非线性可分支持向量机的优化模型如下：

$$\begin{aligned}
\min_{w,\,b,\,\xi} \quad & \frac{1}{2} \| w \|_2^2 + C \sum_{i=1}^{l} \xi_i \\
\text{s. t.} \quad & y_i(w^T \varphi(x_i) + b) \geqslant 1 - \xi_i \\
& \xi_i \geqslant 0, \ i = 1, \cdots, l
\end{aligned} \tag{2-10}$$

定理 2.2

最优化问题

$$\begin{aligned}
\min_{\alpha_i|_{i=1}^{l}} \quad & \frac{1}{2} \sum_{i=1}^{l} \sum_{j=1}^{l} \alpha_i \alpha_j y_i y_j \varphi(x_i)^T \varphi(x_j) - \sum_{i=1}^{l} \alpha_i \\
\text{s. t.} \quad & \sum_{i=1}^{l} \alpha_i y_i = 0 \\
& 0 \leqslant \alpha_i \leqslant C, \ i = 1, \cdots, l
\end{aligned} \tag{2-11}$$

是原问题（2-10）的对偶问题。

优化问题（2-11）表明，变换 φ 总是以内积的形式出现，因此，可以用函数

$$K(x_i, \ x_j) = \varphi(x_i)^T \varphi(x_j) \tag{2-12}$$

来代替内积，称函数 $K(\cdot, \cdot)$ 为核函数。

最终通过类似于算法 2.1 的求解方法，得到决策函数：

$$f(x) = \mathrm{sgn}\Big(\sum_{i=1}^{l} \alpha_i y_i K(x_i, \ x) + b \Big) \tag{2-13}$$

下面我们给出核函数的具体定义，以及几种常用的核函数。

如果存在从 $\mathbb{R}^n$ 到 Hilbert 空间 $\mathscr{H}$ 的变换 φ，使得 $K(x, \ x') = \varphi(x)^T \varphi(x')$，则称定义在 $\mathbb{R}^n \times \mathbb{R}^n$ 上的函数 $K(x, \ x')$ 是 $\mathbb{R}^n \times \mathbb{R}^n$ 的核函数。

常用到的核函数有如下几种：

（1）线性核函数

$$K(x, \ x') = x^T x' = \Phi(x)^T \Phi(x') \tag{2-14}$$

（2）多项式核函数

$$K(x,\ x^{'}) = (x^{\mathrm{T}}x^{'} + 1)^{d} \tag{2-15}$$

（3）Gauss 径向基核函数

$$K(x,\ x^{'}) = \exp(-\parallel x - x^{'} \parallel_{2}^{2}/\sigma^{2}) \tag{2-16}$$

用核函数 $K(\cdot,\cdot)$ 代替变换 $\varphi(\cdot)$，不仅十分巧妙地实现了从线性分划到非线性分划的过渡，而且也简化了计算量。因为高维空间中计算内积的工作量比较大，而核函数的计算则相当简单。

2.1.3　最小二乘支持向量机

最小二乘支持向量机[73]（Least Square Support Vector Machine，LSSVM）是在支持向量机的基础上发展起来的，由于支持向量机的的决策函数只由支持向量决定，因此，一旦支持向量的标签被标错，就会极大地影响分类精度。为了有效地避免这种现象，1999 年，Suykens 提出了最小二乘支持向量机，最小二乘支持向量机的优化模型如下：

$$\min_{w,\ b,\ \eta} \quad \frac{1}{2}\parallel w \parallel^{2} + \frac{C}{2}\sum_{i=1}^{l}\eta_{i}^{2} \tag{2-17}$$

$$\mathrm{s.\,t.} \quad y_{i}(w^{\mathrm{T}}x_{i} + b) = 1 - \eta_{i},\ i = 1,\ \cdots,\ l$$

遵循最大间隔原则，在优化问题（2-17）中，目标函数极小化 $\frac{1}{2}\parallel w \parallel^{2}$，实际上就是尽可能让两个超平面 $\pi_{+}: w^{\mathrm{T}}x + b = 1$ 和 $\pi_{-}: w^{\mathrm{T}}x + b = -1$ 的间隔最大，这一点和 SVM 一致，而 $\sum_{i=1}^{l}\eta_{i}^{2}$ 则要求两类点尽可能均匀分布在两个正则超平面 π_{+}，π_{-} 两侧，换句话说，$\sum_{i=1}^{l}\eta_{i}^{2}$ 意味着两个超平面尽可能分别位于这两类点的中间。$C > 0$ 同样是惩罚参数，如图 2.3 所示。

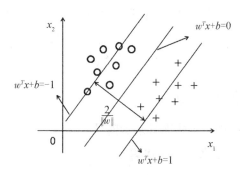

图 2.3 最小二乘支持向量机

定理 2.3

最优化问题

$$\min_{\alpha_i} \quad \frac{1}{2} \sum_{i=1}^{l} \sum_{j=1}^{l} \alpha_i \alpha_j y_i y_j\, x_i^{\mathrm{T}} x_j - \sum_{i=1}^{l} \alpha_i$$

$$\text{s. t.} \quad \sum_{i=1}^{l} \alpha_i y_i = 0 \tag{2-18}$$

$$0 \leqslant \alpha_i \leqslant C,\ i = 1,\ \cdots,\ l$$

是原问题（2-17）的对偶问题。

证明 （略）

通过求解上述对偶问题可得到决策函数

$$f(x) = \mathrm{sgn}\big(\sum_{i=1}^{l} \alpha_i y_i\, x_i^{\mathrm{T}} x + b \big) \tag{2-19}$$

2.1.4 中心支持向量机

2001 年，Mangasarian 等人提出中心支持向量机[74]（Proximal Support Vector Machine，PSVM），中心支持向量机与最小二乘支持向量机优化模型结构相似，不同的是 PSVM 通过在优化问题（2-17）的目标函数中加入一项 $\frac{1}{2}b^2$，这样中心支持向量机的优化问题变为一个严格的凸二次规划。优化问题模型如下：

$$\min_{w,\, b,\, \eta} \quad \frac{1}{2}(\| w \|^2 + b^2) + \frac{C}{2} \sum_{i=1}^{l} \eta_i^2 \tag{2-20}$$

$$\text{s. t.} \quad y_i(w^{\mathrm{T}} \varphi(x_i) + b) = 1 - \eta_i,\ i = 1,\ \cdots,\ l$$

为了得到原问题的对偶问题，引入拉格朗日乘子并构造拉格朗日函数：

$$L(w, b, \eta, \alpha) = \frac{1}{2}(\parallel w \parallel^2 + b^2) + \frac{C}{2}\sum_{i=1}^{l}\eta_i^2 - \sum_{i=1}^{l}\alpha_i[y_i(w^{\mathrm{T}}\varphi(x_i) + b)] +$$

$$\sum_{i=1}^{l}\alpha_i(1 - \eta_i) \tag{2-21}$$

其中，$\alpha = (\alpha_1, \cdots, \alpha_l)^{\mathrm{T}}$ 是拉格朗日乘子向量。

根据最优化理论 KKT 条件，可以得到

$$\begin{cases} \dfrac{\partial L}{\partial w} = 0 \Rightarrow w = \sum_{i=1}^{l}\alpha_i y_i \varphi(x_i) \\[2mm] \dfrac{\partial L}{\partial b} = 0 \Rightarrow b - \sum_{i=1}^{l}\alpha_i y_i = 0 \\[2mm] \dfrac{\partial L}{\partial \eta_i} = 0 \Rightarrow \alpha_i = C\eta_i, \ i = 1, \cdots, l \\[2mm] \dfrac{\partial L}{\partial \alpha_i} = 0 \Rightarrow y_i(w^{\mathrm{T}}\varphi(x_i) + b) - 1 + \eta_i = 0 \end{cases} \tag{2-22}$$

整理（2-22）可以得到计算 α 的线性方程组：

$$\left[D\varphi\,\varphi^{\mathrm{T}}D + De\,e^{\mathrm{T}}D + \frac{I}{C}\right]\alpha = e \tag{2-23}$$

其中，$D = \mathrm{diag}[y_1, \cdots, y_l]$ 是一个对角矩阵，其主对角线元素为样本类别标签 $y_i(i = 1, 2, \cdots, l)$，式中 $\varphi = (\varphi^{\mathrm{T}}(x_1), \varphi^{\mathrm{T}}(x_2), \cdots, \varphi^{\mathrm{T}}(x_l))^{\mathrm{T}}$，$I$ 是一个单位矩阵，其维数与 D 维数相同，e 为一个全一的列向量。

并且，$\varphi\,\varphi^{\mathrm{T}}$ 可以展开为下面形式：

$$\varphi\,\varphi^{\mathrm{T}} = \begin{bmatrix}\varphi^{\mathrm{T}}(x_1) \\ \varphi^{\mathrm{T}}(x_2) \\ \vdots \\ \varphi^{\mathrm{T}}(x_l)\end{bmatrix}[\varphi(x_1)\varphi(x_2)\cdots\varphi(x_l)] = \begin{bmatrix}\varphi^{\mathrm{T}}(x_1)\varphi(x_1) & \varphi^{\mathrm{T}}(x_1)\varphi(x_2) & \cdots & \varphi^{\mathrm{T}}(x_1)\varphi(x_l) \\ \varphi^{\mathrm{T}}(x_2)\varphi(x_2) & \varphi^{\mathrm{T}}(x_2)\varphi(x_2) & \cdots & \varphi^{\mathrm{T}}(x_2)\varphi(x_l) \\ \vdots & \vdots & \ddots & \vdots \\ \varphi^{\mathrm{T}}(x_l)\varphi(x_1) & \varphi^{\mathrm{T}}(x_l)\varphi(x_2) & \cdots & \varphi^{\mathrm{T}}(x_l)\varphi(x_l)\end{bmatrix}$$

与最小二乘支持向量机相同，这里引入核函数使得

$$\varphi^{\mathrm{T}}(x_i)\varphi(x_j) = K(x_i, x_j) \tag{2-24}$$

2.1.5　限定双子支持向量机

2011 年，在 Jayadeva 提出的双子支持向量机[75]基础上，通过增加规范化条

件，采用结构风险最小化原则，邵元海提出了限定双子支持向量机[76]（Twin Bounded Support Vector Machine，TBSVM），其核心思想是寻找一对非平行的超平面，使得其中的一个超平面离一类点尽可能地近，同时离另一类点尽可能的远[77]。

TBSVM 的优化模型如下：

$$\text{（TBSVM1）} \quad \min_{w_1, b_1, \xi_1} \frac{1}{2}C_3(\parallel w_1 \parallel^2 + b_1^2) + \frac{1}{2}\eta_1^{\mathrm{T}}\eta_1 + C_1 e_2^{\mathrm{T}}\xi_1$$

$$\text{s. t.} \quad A w_1 + e_1 b_1 = \eta_1 \qquad\qquad (2\text{--}25)$$

$$B w_1 + e_2 b_1 \leqslant -e_2 + \xi_1, \ \xi_1 > 0$$

$$\text{（TBSVM2）} \quad \min_{w_2, b_2, \xi_2} \frac{1}{2}C_4(\parallel w_2 \parallel^2 + b_2^2) + \frac{1}{2}\eta_2^{\mathrm{T}}\eta_2 + C_2 e_1^{\mathrm{T}}\xi_2$$

$$\text{s. t.} \quad B w_2 + e_2 b_2 = \eta_2 \qquad\qquad (2\text{--}26)$$

$$A w_2 + e_1 b_2 \geqslant e_1 - \xi_2, \ \xi_2 > 0$$

通过引入拉格朗日函数，可以得到优化问题（TBSVM1 和 TBSVM2）的对偶问题：

$$\text{（DTBSVM1）} \quad \max_{\alpha} \ e_2^{\mathrm{T}}\alpha - \frac{1}{2}\alpha^{\mathrm{T}}F(E^{\mathrm{T}}E + C_3 I)^{-1}F^{\mathrm{T}}\alpha$$

$$\text{s. t.} \quad 0 \leqslant \alpha \leqslant C_1 e_2 \qquad\qquad (2\text{--}27)$$

$$\text{（DTBSVM2）} \quad \max_{\gamma} \ e_1^{\mathrm{T}}\gamma - \frac{1}{2}\gamma^{\mathrm{T}}E(F^{\mathrm{T}}F + C_4 I)^{-1}E^{\mathrm{T}}\gamma$$

$$\text{s. t.} \quad 0 \leqslant \gamma \leqslant C_2 e_1 \qquad\qquad (2\text{--}28)$$

其中，$E = (A, e_1)$，$F = (B, e_2)$，优化问题（DTBSVM1 和 DTBSVM2）是标准的凸二次规划问题，因此可以采用求解凸二次规划的常用方法求解。

2.2　模糊支持向量机

在实际分类问题中，数据集的样本点通常会含有噪声或孤立点。针对以上情况，如何设计具有鲁棒性的学习分类器，提高分类器的泛化能力，在模式识别和机器学习研究领域中占有重要的位置。在这一部分，我们重点介绍几种经典的模糊支持向量机模型及算法。

2.2.1 二分类模糊支持向量机

对于二分类的数据集，已知给定训练集

$$T = \{(x_1,\ y_1,\ s_1),\ \cdots,\ (x_l,\ y_l,\ s_l)\} \in (\mathbb{R}^n \times Y \times s)^l$$

其中，$x_i \in \mathbb{R}^n$ 是输入，$y_i \in \{+1, -1\}$ 为 x_i 的输出标签，$s_i \in [0, 1]$ 为 x_i 属于 y_i 的隶属度，隶属度 s_i 表示训练集中样本点 x_i 对于某一类数据集分类的重要程度。建立二分类问题的优化模型如下：

$$
\begin{aligned}
\min_{w,\ b,\ \xi_i} \quad & \frac{1}{2}\|w\|^2 + C\sum_{i=1}^{l} s_i \xi_i \\
\text{s.t.} \quad & y_i(w^{\mathrm{T}} x_i + b) \geqslant 1 - \xi_i \\
& \xi_i \geqslant 0,\ i = 1,\ \cdots,\ l
\end{aligned}
\tag{2-29}
$$

定理 2.4

最优化问题

$$
\begin{aligned}
\min_{\alpha_i} \quad & \frac{1}{2}\sum_{i=1}^{l}\sum_{j=1}^{l} \alpha_i \alpha_j y_i y_j\, x_i^{\mathrm{T}} x_j - \sum_{i=1}^{l} \alpha_i \\
\text{s.t.} \quad & \sum_{i=1}^{l} \alpha_i y_i = 0 \\
& 0 \leqslant \alpha_i \leqslant C s_i,\ i = 1,\ \cdots,\ l
\end{aligned}
\tag{2-30}
$$

是原问题（2-29）的对偶问题。

证明　先给出其拉格朗日函数：

$$
L(w,\ b,\ \xi_i,\ \alpha_i,\ \beta_i) = \frac{1}{2}\|w\|^2 + C\sum_{i=1}^{l} s_i \xi_i - \sum_{i=1}^{l} \alpha_i [y_i(w^{\mathrm{T}} x_i + b) - 1 + \xi_i] -
$$

$$
\sum_{i=1}^{l} \beta_i \xi_i
\tag{2-31}
$$

其中，$\alpha_i \geqslant 0$ 和 $\beta_i \geqslant 0$ 为拉格朗日乘子，由最优化理论 KKT 条件可得

$$
\begin{cases}
\dfrac{\partial L}{\partial w} = 0 \Rightarrow w = \sum_{i=1}^{l} \alpha_i y_i x_i \\[2mm]
\dfrac{\partial L}{\partial b} = 0 \Rightarrow \sum_{i=1}^{l} \alpha_i y_i = 0 \\[2mm]
\dfrac{\partial L}{\partial \xi_i} = 0 \Rightarrow C s_i - \alpha_i - \beta_i = 0
\end{cases}
\tag{2-32}
$$

将（2-32）代入到（2-31）中，即可得到原问题（2-29）的对偶问题（2-30）。通过求解上述对偶问题，可以得到决策函数：

$$f(x) = \mathrm{sgn}(\sum_{i=1}^{l} \alpha_i y_i x_i^{\mathrm{T}} x + b) \tag{2-33}$$

2.2.2 "一对一""一对多"多分类模糊支持向量机

在多分类问题中，采用"一对一"或"一对多"的分类方法，都会存在不可分模糊区域，训练出来的分类器可能会对某个待分样本无法准确分类，如图2.4所示。

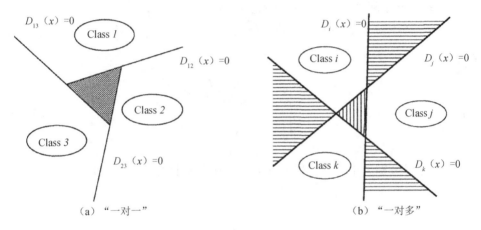

图 2.4　多分类不可分区域图

2002 年，Abe 和 Inoue 提出了基于模糊判别的支持向量机。由于本文主要讨论二分类问题，对于"一对一""一对多"多分类问题不在展开讨论，详细内容见文献［2］和文献［21］。

2.2.3 模糊隶属度函数

在模糊支持向量机中，模糊隶属度函数的选择，直接影响着其分类性能的优劣。下面介绍在求解模糊支持向量机模型问题中常用的隶属度函数。

1. 基于类中心距离的隶属度函数

基于类中心距离的隶属度函数，主要是在原输入空间，根据样本点到类中心的距离进行衡量。当样本点距离类中心的距离越远，则隶属度越小；反之亦然。

对于数据集 $T = \{(x_1, y_1), \cdots, (x_l, y_l)\} \in (\mathbb{R}^n \times \mathbb{Y})^l$，设 x_+，x_- 分别表

示正类点和负类点的类中心。r_+，r_- 分别表示两类样本点到正类点和负类点中心的最远距离，即 $r_+ = \max\limits_{y_i=1} \parallel x_i - x_+ \parallel$，$r_- = \max\limits_{y_i=-1} \parallel x_i - x_- \parallel$。由此，基于类中心距离的隶属度函数为

$$s_i = \begin{cases} 1 - \dfrac{\parallel x_+ - x_i \parallel_2}{r_+ + \delta}, & y_i = 1 \\ 1 - \dfrac{\parallel x_- - x_i \parallel_2}{r_- + \delta}, & y_i = -1 \end{cases} \tag{2-34}$$

其中，$\delta > 0$。

2. 基于原空间类中心距离的隶属度函数

定义正类样本在特征空间中的均值为 φ_+，负类样本在特征空间中的均值为 φ_-，即

$$\begin{cases} \varphi_+ = \dfrac{1}{l_+} \sum\limits_{y_i=+1} \varphi(x_i) \\ \varphi_- = \dfrac{1}{l_-} \sum\limits_{y_i=-1} \varphi(x_i) \end{cases} \tag{2-35}$$

其中，l_+、l_- 分别为正、负类样本点个数，则模糊隶属度函数定义为

$$s_i = \begin{cases} 1 - \sqrt{\dfrac{\parallel \varphi(x_i) - \varphi_+ \parallel^2}{r_+^2 + \delta}}, & y_i = +1 \\ 1 - \sqrt{\dfrac{\parallel \varphi(x_i) - \varphi_- \parallel^2}{r_-^2 + \delta}}, & y_i = -1 \end{cases} \tag{2-36}$$

其中，$\delta > 0$，$r_+ = \max\limits_{\{x_i: y_i=+1\}} \parallel \varphi(x_i) - \varphi_+ \parallel$ 表示正类点在特征空间中的半径，$r_- = \max\limits_{\{x_i: y_i=-1\}} \parallel \varphi(x_i) - \varphi_- \parallel$ 表示负类点在特征空间中的半径。

3. 基于 S 型函数的隶属度函数

同基于类中心距离的隶属度函数不同，基于 S 型函数的隶属度函数，不是根据样本点到类中心之间距离的线性函数，而是一个非线性关系。Zadeh 定义的标准 S 型函数为[15]

$$s_i = \begin{cases} 0, & x_i \leqslant a \\ 2\left[(x_i - a)/(c-a)\right]^2, & a \leqslant x_i \leqslant b \\ 1 - 2\left[(x_i - a)/(c-a)\right]^2, & b \leqslant x_i \leqslant c \\ 1, & x_i \geqslant c \end{cases} \tag{2-37}$$

4. 基于 π 型函数的隶属度函数

π 型隶属度函数，是指"中间高，两边低"的函数，具体定义如下：

$$s_i = \begin{cases} \mu_s(x,\ a,\ b,\ c), & x_i \leqslant c \\ 1 - \mu_s(x,\ a,\ b,\ c), & x_i \geqslant c \end{cases} \tag{2-38}$$

5. 基于 SVDD 的模糊隶属度函数

文献［78］给出了支持向量数据域描述（Support Vector Domain Description，SVDD）的方法。秦传东等人借鉴 SVDD 方法，通过给不同训练样本点赋予一个适当的隶属度函数，采用近邻支持向量机算法进行分类学习，一定程度上提高了分类能力[79]。

给定训练集 $X = (x_1,\ x_2,\ \cdots,\ x_l)$ ，其中，$x_i \in \mathbb{R}^n (i = 1,\ 2,\ \cdots,\ l)$，$l$ 为样本点个数，n 为数据集的维数。为了建立 SVDD 的模型，首先引入映射 $\varphi(\cdot)$：$R^n \rightarrow \mathbb{F}$，将输入空间的样本映射到一个高维特征空间，然后在该高维特征空间中，寻找包含所有样本的最小半径超球，SVDD 的优化模型为

$$\begin{aligned} \min \quad & R^2 + C\sum_{i=1}^{l} \xi^i \\ \text{s.t.} \quad & \| \varphi(x_i) - a \|^2 \leqslant R^2 + \xi_i \\ & \xi_i \geqslant 0,\ i = 1,\ 2,\ \cdots,\ l \end{aligned} \tag{2-39}$$

其中，R 为特征空间中样本的最小包含超球半径，a 为球心，ξ_i 是松弛变量，C 是惩罚参数，φ 是一个非线性映射。

最优化问题：

$$\begin{aligned} \max \quad & \sum_{i=1}^{l} \alpha_i K(x_i,\ x_i) - \sum_{i=1}^{l}\sum_{j=1}^{l} \alpha_i \alpha_j K(x_i,\ x_j) \\ \text{s.t.} \quad & \sum_{i=1}^{l} \alpha_i = 1, \\ & 0 \leqslant \alpha_i \leqslant C,\ i = 1,\ 2,\ \cdots,\ l \end{aligned} \tag{2-40}$$

是原问题（2-39）的对偶问题。

这样，我们可从下式中求得最优超球半径 R：

$$R^2 = K(x_i,\ x_i) - 2\sum_{j=1}^{l} \alpha_j K(x_i,\ x_j) - \sum_{i=1}^{l}\sum_{j=1}^{l} \alpha_i \alpha_j K(x_i,\ x_j) \tag{2-41}$$

文献［80］中基于数据域描述给出一种模糊隶属度函数的计算方法，从一定程度上把孤立点和噪声点区分开来，减弱了模糊支持向量机对孤立点和噪声的敏感程度。具体做法如下：构造一个超球，超球的球心在类中心，超球半径定义为以样本点到类中心最大距离。使得该超球包含所有的同类样本，样本离类中心距离越近，其隶属度越大；反之，样本离类中心距离越远，其隶属度越小。文献［81］调整了隶属度函数的变化趋势，改进了隶属度的计算方式。

基于 SVDD 的模糊隶属度函数为

$$s_i = \begin{cases} 0.4 \times \dfrac{1 - \mathrm{d}(x_i)/R}{1 + \mathrm{d}(x_i)/R} + 0.6, & \mathrm{d}(x_i) \leq R \\[3mm] 0.6 \times \dfrac{1}{1 + \mathrm{d}(x_i) - R} & \mathrm{d}(x_i) > R \end{cases} \tag{2-42}$$

其中，$\mathrm{d}(x_i)$ 为样本点到类中心的距离，R 为由式（2-41）中求得。

2.3 张量理论基础

作为向量模式表示的扩展和补充，近年来，针对张量数据的模型和算法越来越多。本节重点介绍张量理论基础和几种经典的支持张量机模型。事实上，20世纪 60 年代和 70 年代，心理测验和化学计量领域的多模数据分析出现了张量模式[24]。18 世纪 90 年代末，Woldemar Voigt 提出了张量的概念和运算。本节我们介绍张量的概念及相关运算。详细的讨论见文献［82］。

2.3.1 张量的定义与表示

从张量定义角度分析，张量本质上是多维数组或多维阵列[83-85]。一个 N 阶张量就是 N 维向量空间的张量积（Tensor Produce），张量的每一阶对应着张量的一个方向，我们称这个方向为模式（Mode）。张量的阶数 N 决定了张量的 N 个模式。二维向量空间的张量积就是一个二阶张量。二阶张量通常使用大写英文字母 X 来表示。实际上，矩阵是一个二阶张量，二阶张量具有两个模式，广义来讲，列就是矩阵的第一个模式，行就是第二个模式。

标量是零阶张量，向量是一阶张量，矩阵是二阶张量，所以，张量可以看作是标量、向量和矩阵由低维空间到高维空间的推广，如图 2.5（a）和（b）所示。

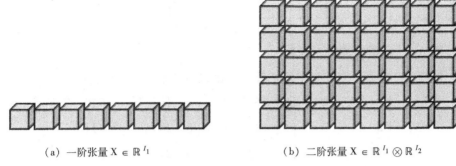

（a）一阶张量 $X \in \mathbb{R}^{I_1}$　　　　　（b）二阶张量 $X \in \mathbb{R}^{I_1} \otimes \mathbb{R}^{I_2}$

图 2.5　张量

例如，三维向量空间的张量积就是一个三维张量 $X \in \mathbb{R}^{I_1} \otimes \mathbb{R}^{I_2} \otimes \mathbb{R}^{I_3}$，如图 2.6 所示。

一般来讲，本文采用 Euclid Math One 字体来表示高阶张量，例如，分别用 $\mathbb{R}^{I_1} \otimes \cdots \otimes \mathbb{R}^{I_N}$ 和 $\mathbb{R}^{I_1} \otimes \mathbb{R}^{I_2}$ 来表示 N 阶张量空间和矩阵空间，其中 $\otimes$ 为张量积。N 阶张量和矩阵的分量分别用 $x_{(i_1 \cdots i_N)}$ 和 $x_{(i_1 i_2)}$ 来进行表示。

从几何意义角度考量，张量的阶数实质上就是几何体的维数。图 2.7 三维立方体就表示了一个三阶张量，具有三种模式。

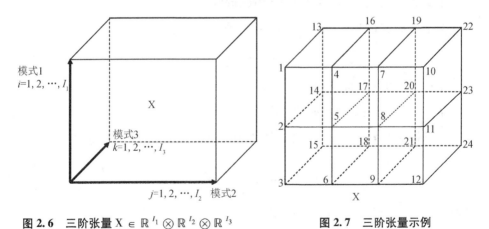

图 2.6　三阶张量 $X \in \mathbb{R}^{I_1} \otimes \mathbb{R}^{I_2} \otimes \mathbb{R}^{I_3}$　　　　图 2.7　三阶张量示例

例 2.1　张量的模式 1 表示

从模式 1 来看，图 2.8 中的张量 X 可由以下三个矩阵进行表示：

$$X_1 = \begin{bmatrix} 13 & 16 & 19 & 22 \\ 1 & 4 & 7 & 10 \end{bmatrix}, \quad X_2 = \begin{bmatrix} 14 & 17 & 20 & 23 \\ 2 & 5 & 8 & 11 \end{bmatrix}, \quad X_3 = \begin{bmatrix} 15 & 18 & 21 & 24 \\ 3 & 6 & 9 & 12 \end{bmatrix}$$

例 2.2　张量的模式 2 表示

从模式 2 来看，图 2.8 中的张量 X 可由以下四个矩阵进行表示：

$$X_1 = \begin{bmatrix} 1 & 13 \\ 2 & 14 \\ 3 & 15 \end{bmatrix}, \quad X_2 = \begin{bmatrix} 4 & 16 \\ 5 & 17 \\ 6 & 18 \end{bmatrix}, \quad X_3 = \begin{bmatrix} 7 & 19 \\ 8 & 20 \\ 9 & 21 \end{bmatrix}, \quad X_4 = \begin{bmatrix} 10 & 22 \\ 11 & 23 \\ 12 & 24 \end{bmatrix}$$

例 2.3　张量的模式 3 表示

从模式 3 来看，图 2.8 中的张量 X 可由以下两个矩阵进行表示：

$$X_1 = \begin{bmatrix} 1 & 4 & 7 & 10 \\ 2 & 5 & 8 & 11 \\ 3 & 6 & 9 & 12 \end{bmatrix}, \quad X_2 = \begin{bmatrix} 13 & 16 & 19 & 22 \\ 14 & 17 & 20 & 23 \\ 15 & 18 & 21 & 24 \end{bmatrix}$$

2.3.2　张量的基本运算性质

本部分主要介绍张量的基本运算性质，主要包括：张量 k 模矩阵化、内积、外积、范数和距离运算、张量 CP 分解、Tucker 分解运算。

定义 2.1　张量的内积（Inner Product）

两个 N 阶张量 X，Y $\in \mathbb{R}^{I_1} \otimes \cdots \otimes \mathbb{R}^{I_N}$ 的内积为

$$\langle X, Y \rangle = \sum_{i_1=1}^{I_1} \cdots \sum_{i_N=1}^{I_N} x_{(i_1 \cdots i_N)} y_{(i_1 \cdots i_N)} \tag{2-43}$$

张量的内积也叫标量积。

定义 2.2　张量的 Frobenius 范数

N 阶张量 X $\in \mathbb{R}^{I_1} \otimes \cdots \otimes \mathbb{R}^{I_N}$ 的 Frobenius 范数（简称 F-范数）

$$\| X \|_F = \sqrt{\sum_{i_1=1}^{I_1} \cdots \sum_{i_N=1}^{I_N} x_{(i_1 i_2 \cdots i_N)}^2} \tag{2-44}$$

因此，结合（2-43）和（2-44）得到 $\langle X, X \rangle = \| X \|_F^2$。

定义 2.3　欧氏距离

由此范数诱导出的两个 N 阶张量 X，Y $\in \mathbb{R}^{I_1} \otimes \cdots \otimes \mathbb{R}^{I_N}$ 的欧氏距离为

$$d_E(X, Y) = \| X - Y \|_F \tag{2-45}$$

定义 2.4　张量的外积（Outer Product）

N 阶张量 X $\in \mathbb{R}^{I_1} \otimes \cdots \otimes \mathbb{R}^{I_N}$ 和 N' 阶张量 Y $\in \mathbb{R}^{I_1'} \otimes \cdots \otimes \mathbb{R}^{I_{N'}'}$ 的外积为

$(N+N^{'})$ 阶张量 $(X \otimes Y) \in \mathbb{R}^{I_1 \times \cdots \times I_N \times I_1^{'} \times \cdots \times I_{N^{'}}}$ ，具体形式如下：

$$(X \otimes Y)_{(i_1 \cdots i_N i_1^{'} \cdots i_{N^{'}})} = x_{(i_1 \cdots i_N)} y_{(i_1^{'} \cdots i_{N^{'}})} \tag{2-46}$$

张量的外积也叫张量积。

定义 2.5　张量的 k 模矩阵化

将张量 $X \in \mathbb{R}^{I_1} \otimes \cdots \otimes \mathbb{R}^{I_M}$ 在模式 k 下的数组作为列而形成的矩阵 $X_{(k)}$，这个过程称为张量的 k 模矩阵化。这种张量的矩阵化展开，将张量 X 的元素 $x_{(i_1 i_2 \cdots i_M)}$ 映射到矩阵 $X_{(k)}$ 的元素 $x_{(i_k j)}$，其中

$$j = 1 + \sum_{h=1, h \neq k}^{M} (i_h - 1) J_h, \quad J_h = \prod_{m=1, m \neq k}^{h-1} I_m \tag{2-47}$$

例 2.4　张量的 k 模矩阵化

图 2.7 中的张量是三阶张量，所以，模式 k 的取值分别是 $k=1$，2，3。由定义 2.1，张量 X 具有如下三种矩阵化展开形式：

$$X_{(1)} = \begin{bmatrix} 1 & 4 & 7 & 10 & 13 & 16 & 19 & 22 \\ 2 & 5 & 8 & 11 & 14 & 17 & 20 & 23 \\ 3 & 6 & 9 & 12 & 15 & 18 & 21 & 24 \end{bmatrix},$$

$$X_{(2)} = \begin{bmatrix} 1 & 2 & 3 & 13 & 14 & 15 \\ 4 & 5 & 6 & 16 & 17 & 18 \\ 7 & 8 & 9 & 19 & 20 & 21 \\ 10 & 11 & 12 & 22 & 23 & 24 \end{bmatrix},$$

$$X_{(3)} = \begin{bmatrix} 1 & 2 & 3 & 4 & 5 & 6 & 7 & 8 & 9 & 10 & 11 & 12 \\ 13 & 14 & 15 & 16 & 17 & 18 & 19 & 20 & 21 & 22 & 23 & 24 \end{bmatrix}$$

定义 2.6　张量的 k 模乘积

N 阶张量 $X \in \mathbb{R}^{I_1} \otimes \cdots \otimes \mathbb{R}^{I_N}$ 和矩阵 $U \in \mathbb{R}^{I_k^{'}} \otimes \mathbb{R}^{I_k}$ 的 k 模乘积为具有以下形式的 N 阶张量 $(X \times_k U) \in \mathbb{R}^{I_1 \times \cdots \times I_{k-1} \times I_k^{'} \times I_{k+1} \times \cdots \times I_N}$：

$$(X \times_k U)_{(i_1 \cdots i_{k-1} i_k^{'} i_{k+1} \cdots i_N)} = \sum_{i_k} (x_{(i_1 \cdots i_{k-1} i_k i_{k+1} \cdots i_N)} u_{(i_k^{'} i_k)}) \tag{2-48}$$

特殊的，N 阶张量 $X \in \mathbb{R}^{I_1} \otimes \cdots \otimes \mathbb{R}^{I_N}$ 和向量 $v \in \mathbb{R}^{I_k}$ 的 k 模乘积为具有以下形式的 $(N-1)$ 阶张量 $(X \times_k v) \in \mathbb{R}^{I_1 \times \cdots \times I_{k-1} \times I_{k+1} \times \cdots \times I_N}$：

$$(X \times_k v)_{(i_1 \cdots i_{k-1} i_{k+1} \cdots i_N)} = \sum_{i_k}^{I_k} x_{(i_1 \cdots i_N)} v_{(i_k)} \tag{2-49}$$

定义 2.7　矩阵的 Kronecker 乘积

矩阵 $A \in \mathbb{R}^{I} \otimes \mathbb{R}^{J}$ 和矩阵 $B \in \mathbb{R}^{H} \otimes \mathbb{R}^{L}$ 的 Kronecker 乘积为

$$A \otimes_{Ker} B = \begin{bmatrix} a_{11}B & a_{12}B & \cdots & a_{1J}B \\ a_{21}B & a_{22}B & \cdots & a_{2J}B \\ \vdots & \vdots & \ddots & \vdots \\ a_{I1}B & a_{I2}B & \cdots & a_{IJ}B \end{bmatrix} \in \mathbb{R}^{IH} \otimes \mathbb{R}^{JL} \qquad (2\text{-}50)$$

定义 2.8　矩阵的 Khatri-Rao 乘积

矩阵 $A \in \mathbb{R}^{I} \otimes \mathbb{R}^{H}$ 和矩阵 $B \in \mathbb{R}^{J} \otimes \mathbb{R}^{H}$ 的 Khatri-Rao 乘积为

$$A \odot B = [a_1 \otimes_{Ker} b_1, \cdots, a_H \otimes_{Ker} b_H] \in \mathbb{R}^{IJ} \otimes \mathbb{R}^{H} \qquad (2\text{-}51)$$

其中，a_i 和 b_i $(i = 1, \cdots, H)$ 分别为矩阵 A 和 B 的列向量。

为了方便使用，我们记

$$A_{\otimes_{Ker}} \triangleq A_M \otimes_{Ker} \cdots \otimes_{Ker} A_1 \qquad (2\text{-}52)$$

$$A_{\otimes_{Ker}}^{(k)} \triangleq A_M \otimes_{Ker} \cdots \otimes_{Ker} A_{k+1} \otimes_{Ker} A_{k-1} \otimes_{Ker} \cdots \otimes_{Ker} A_1 \qquad (2\text{-}53)$$

这里 $A_1, \cdots, A_M$ 为矩阵。

定义 2.9　秩一张量（Rank-1 Tensor）

若一个 N 阶张量 $X \in \mathbb{R}^{I_1} \otimes \cdots \otimes \mathbb{R}^{I_N}$ 能够被 N 个向量的外积所表示，即

$$X = \mathop{\otimes}_{k=1}^{N} x_k = x_1 \otimes \cdots \otimes x_N \qquad (2\text{-}54)$$

其中，$x_k \in \mathbb{R}^{I_k}$，$k = 1, \cdots, N$，则称张量 X 为秩一张量。例如，一个三阶秩一张量可以表示为：$X = x_1 \otimes x_2 \otimes x_3$，如图 2.8 所示。

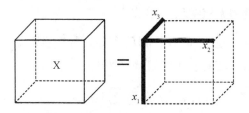

图 2.8　三阶秩一张量 $X = x_1 \otimes x_2 \otimes x_3$

定义 2.10　张量的 CP 分解

如果一个 N 阶张量 $X \in \mathbb{R}^{I_1} \otimes \cdots \otimes \mathbb{R}^{I_N}$，可以表示为若干个秩一张量之和，

这个表示过程称为张量的 CP 分解。具体形式如下：

$$X \approx \sum_{r=1}^{R} x_1^r \otimes \cdots \otimes x_N^r \tag{2-55}$$

其中，R 是一个正整数，向量 $x_k^r \in \mathbb{R}^{I_k}$，$r = 1, \cdots, R$，$k = 1, \cdots, N$。

一个三阶张量 X 的 CP 分解示例，如图 2.9 所示。

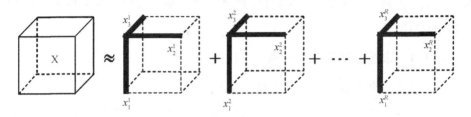

图 2.9　三阶张量 X 的 CP 分解示例

定义 2.11　张量的 Tucker 分解

一个 N 阶张量 $X \in \mathbb{R}^{I_1} \otimes \cdots \otimes \mathbb{R}^{I_N}$ 的 Tucker 分解形式为

$$X \approx G \times_1 A_1 \times \cdots \times_M A_M \tag{2-56}$$

其中，$G \in \mathbb{R}^{g_1} \otimes \cdots \otimes \mathbb{R}^{g_M}$ 是核张量，$A_k \in \mathbb{R}^{I_k} \otimes \mathbb{R}^{g_k}$ 称之为因子矩阵，$k = 1, \cdots, M$。

一个三阶张量 X 的 Tucker 分解示例，如图 2.10 所示：

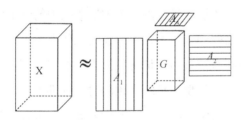

图 2.10　三阶张量 X 的 Tucker 分解示意图

由定义不难发现，如果核张量 G 是对角的，且 $g_1 = \cdots = g_M$，则 Tucker 分解就退化成了 CP 分解，因此，CP 分解实际上可以看成是 Tucker 分解的一种特殊形式。Tucker 分解的实质是一种高阶的主成分分析。因子矩阵 $A_1, \cdots, A_M$ 的关系通常是正交的，所以，它们可以被看做是沿相应模式的主成分。更多关于 CP 分解和 Tucker 分解的讨论见文献 [86-95]。

2.4 支持张量机

机器学习中，如何表示数据是一个关键问题。传统的机器学习和模式识别方法，大多是基于向量表示数据，然后在相应的向量空间进行分类、回归、聚类等。本节我们首先介绍基于张量数据的分类问题，然后介绍几种经典的支持张量机模型及算法。

2.4.1 张量数据的分类问题

对于张量数据的分类问题，已知训练集：

$$T = \{(X_1, y_1), \cdots, (X_l, y_l)\} \in (\mathbb{R}^{I_1} \otimes \cdots \otimes \mathbb{R}^{I_N} \times \mathbb{Y})^l \qquad (2\text{-}57)$$

这里的输入是 N 阶张量 X_i，$i = 1, \cdots, l$，$y_i \in \mathbb{Y} = \{+1, -1\}$ 是 X_i 的标签。

类似于基于向量数据的分类问题，学习的任务是寻找一个实值函数，用来决策判断。不同的是，基于张量数据的分类问题是在张量空间 $\mathbb{R}^{I_1} \otimes \cdots \otimes \mathbb{R}^{I_M}$ 中寻找一个实值函数 $g(X)$，用决策函数

$$f(X) = \text{sgn}(\langle W, X \rangle + b) \qquad (2\text{-}58)$$

对任一输入 X 进行分类，寻找其对应的标签 y。

为了解释基于张量的学习方法和基于向量的学习方法之间的不同，我们首先介绍几个概念：过拟合（Overfitting）、欠拟合（Underfitting）和高维小样本问题。

过拟合：当某个分类模型过度的学习训练数据中的细节和噪音，致使测试样本的输出和真实输出之间相差很大，模型在测试数据上表现很差。导致过拟合现象发生的主要原因包括参数过多、训练数据集存在噪音等。

欠拟合：指的是分类模型在训练和预测时表现都不好，经过学习后训练样本和测试样本的输出与真实输出相差都比较大。导致欠拟合现象发生的主要原因是参数太少。

高维小样本问题：样本点维数远大于样本点个数的机器学习问题[96]。

传统的机器学习方法中，数据一般采用向量表示，即使原始数据集是二维矩阵或者高阶张量，大部分的机器学习都是把数据展开成向量模式，进而对其进行学习。这种向量化的处理方式并非完全有效，对于张量数据有时候通过向量化会存在一定不足。主要表现在：

（1）对数据的向量化处理，不同程度上会破坏原始数据的结构信息。例如，

对于人脸图像，向量化数据过程可能致使局部结构信息（眼睛、嘴巴、耳朵等）难以得到完整反映，而这些局部结构信息直觉上对模式分类的效果有着非常重要的影响。

（2）从计算复杂度和存储角度分析，数据在向量化之后，其生成的向量维数极大，容易造成高维小样本问题。例如，一个步态侧影序列表示为 $128 \times 28 \times 20$，对其向量化处理后的向量维数是 71680，同时，对应的协方差阵的规模高达 71680×71680。这样一来，典型的小样本问题及奇异性会导致所谓的过拟合现象出现。

例如，在一个 4×4 矩阵中（图 2.11 左），元素 $x_{(11)}$ 和 $x_{(12)}$，$x_{(23)}$ 和 $x_{(24)}$ 处于水平相邻关系，元素 $x_{(12)}$ 和 $x_{(23)}$ 处于垂直相邻关系。而在 4×4 矩阵的按行展开 [（a）] 中，虽然元素 $x_{(11)}$ 和 $x_{(12)}$，$x_{(23)}$ 和 $x_{(24)}$ 的水平相邻关系得以保持，但元素 $x_{(12)}$ 和 $x_{(23)}$ 的垂直相邻关系已经丧失。同理，在 4×4 矩阵的按列展开 [（b）] 中，元素 $x_{(11)}$ 和 $x_{(12)}$，$x_{(23)}$ 和 $x_{(24)}$ 的水平相邻关系，以及元素 $x_{(12)}$ 和 $x_{(23)}$ 的垂直相邻关系均已丧失。

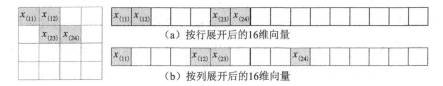

图 2.11　4×4 矩阵的向量化

基于上述问题，近年来，越来越多的研究人员开始关注基于张量模式的机器学习方法，相继提出了很多针对张量数据的模型和算法。

在特定的模型和算法下，基于张量的机器学习方法可以有效地避免高维小样本问题和过拟合现象。基于张量的机器学习方法有以下优点。

（1）可以保持更多的张量的结构信息，如矩阵行列之间的相关性。

（2）当训练点的个数较少，可以通过减少参数的个数，基于张量的学习方法效果要优于基于向量的学习方法。

（3）可以相对避免出现高维小样本问题和过拟合现象。

一般情况下，通过机器学习得到的分类器的测试误差会随着训练样本点个数的增加而逐渐减小，但当训练点的个数相对较少时，基于张量的机器学习方法要优于基于向量的机器学习方法；当训练点的个数相对较多时，基于向量的机器学习方法则更加具有优势，如图 2.12 所示。

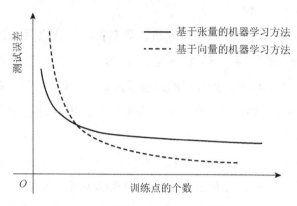

图 2.12　训练点个数对测试误差的影响

2.4.2　秩一支持张量机

秩一支持张量机[25-26]（Rank-one Support Tensor Machine，R1-STM）基于秩一假设，继承了 SVM 结构风险最小化和经验风险最小化的思想，同时保留了数据的结构信息。R1-STM 可以看成是支持向量机模型在张量空间的推广，在解决高维小样本问题上表现出色。本节主要介绍秩一支持张量机的模型和算法。

1. 二阶秩一支持张量机

对于线性分类问题，给定训练集

$$T = \{(X_1, y_1), (X_2, y_2), \cdots, (X_l, y_l)\} \tag{2-59}$$

其中，输入 $X_i \in \mathbb{R}^{n_1} \otimes \mathbb{R}^{n_2}$ 为二阶张量（矩阵），$y_i \in \{-1, +1\}$ 为类别标签，$i = 1, 2, \cdots, l$。

由于张量可以看作是向量的推广，因此，支持向量机（2-4）可以从向量空间直接推广到张量空间，得到下面的支持张量机优化问题模型：

$$\min_{W, b, \xi} \quad \frac{1}{2} \| W \|_F^2 + C \sum_{i=1}^{l} \xi_i$$

$$\text{s.t.} \quad y_i(\langle W, X_i \rangle + b) \geqslant 1 - \xi_i \tag{2-60}$$

$$\xi_i \geqslant 0, \ i = 1, \cdots, l$$

类似于 SVM 的最大间隔原则，优化问题（2-60）的目标函数中的第一项同样体现了最大间隔思想，C 为惩罚参数，ξ_i 为松弛变量，$i = 1$，2，$\cdots$，l。

求解优化问题（2-60）便可得到最终的决策函数：

$$f(\mathrm{X}) = \mathrm{sgn}(\langle W, \mathrm{X} \rangle + b) \tag{2-61}$$

当对限制矩阵 W 添加秩一约束后，对矩阵 W 做 CP 分解：

$$W = u\, v^{\mathrm{T}} \tag{2-62}$$

其中，$u \in \mathbb{R}^{n_1}$，$v \in \mathbb{R}^{n_2}$ 分别是向量，再根据张量的运算，得到：

$$\langle W, \mathrm{X}_i \rangle = \langle u\, v^{\mathrm{T}}, \mathrm{X}_i \rangle = u^{\mathrm{T}} \mathrm{X}_i v \tag{2-63}$$

因此，秩一支持张量机的优化模型可以化为如下形式：

$$
\begin{aligned}
\min_{u,\, v,\, b,\, \xi} \quad & \frac{1}{2} \| u\, v^{\mathrm{T}} \|_{\mathrm{F}}^{2} + C \sum_{i=1}^{l} \xi_i \\
\mathrm{s.\,t.} \quad & y_i(u^{\mathrm{T}} \mathrm{X}_i v + b) \geqslant 1 - \xi_i \\
& \xi_i \geqslant 0, \; i = 1, \cdots, l
\end{aligned}
\tag{2-64}
$$

类似于 SVM 求解过程，引入优化问题（2-64）的 Lagrange 函数：

$$
\begin{aligned}
L(u,\, v,\, b,\, \xi_i,\, \alpha_i,\, \mu_i) = {} & \frac{1}{2} \| u\, v^{\mathrm{T}} \|_{\mathrm{F}}^{2} + C \sum_{i=1}^{l} \xi_i - \sum_{i=1}^{l} \alpha_i y_i(u^{\mathrm{T}} \mathrm{X}_i v + b) + \\
& \sum_{i=1}^{l} \alpha_i - \sum_{i=1}^{l} \alpha_i \xi_i - \sum_{i=1}^{l} \mu_i \xi_i
\end{aligned}
\tag{2-65}
$$

由参考文献[25]，我们可以得到：

$$\frac{1}{2} \| u\, v^{\mathrm{T}} \|^{2} = \frac{1}{2} \mathrm{Tr}(u\, v^{\mathrm{T}} v\, u^{\mathrm{T}}) = \frac{1}{2}(v^{\mathrm{T}} v)(u^{\mathrm{T}} u) \tag{2-66}$$

则 Lagrange 函数（2-65）又可以表示为：

$$
\begin{aligned}
L(u,\, v,\, b,\, \xi_i,\, \alpha_i,\, \mu_i) = {} & \frac{1}{2}(v^{\mathrm{T}} v)(u^{\mathrm{T}} u) + C \sum_{i=1}^{l} \xi_i - \sum_{i=1}^{l} \alpha_i y_i(u^{\mathrm{T}} \mathrm{X}_i v + b) \\
& + \sum_{i=1}^{l} \alpha_i - \sum_{i=1}^{l} \alpha_i \xi_i - \sum_{i=1}^{l} \mu_i \xi_i
\end{aligned}
\tag{2-67}
$$

然后对 L 分别关于 u，v，b 和 ξ_i 进行求导，并令偏导数等于 0，可以得到：

$$u = \frac{\sum_{i=1}^{l} \alpha_i y_i \, \mathrm{X}_i v}{v^{\mathrm{T}} v} \tag{2-68}$$

$$v = \frac{\sum_{i=1}^{l} \alpha_i y_i \, \mathrm{X}_i u}{u^{\mathrm{T}} u} \tag{2-69}$$

$$\sum_{i=1}^{l} \alpha_i y_i = 0 \tag{2-70}$$

$$C - \alpha_i - \mu_i = 0 \tag{2-71}$$

式（2-68）和（2-69）表明，u 和 v 是相互依赖的，不能单独求出，需要利用交替投影迭代法来求解。

首先初始固定 u，设 $\beta_1 = \|u\|^2$ 和 $x_i = X_i^T u$，则优化问题（2-64）可以转换为：

$$\min_{v,\,b,\,\xi} \quad \frac{1}{2}\beta_1 \|v\|^2 + C\sum_{i=1}^{l}\xi_i$$
$$\text{s.t.} \quad y_i(v^T x_i + b) \geqslant 1 - \xi_i \tag{2-72}$$
$$\xi_i \geqslant 0,\ i = 1,\ \cdots,\ l$$

显然优化问题（2-72）可以利用计算标准支持向量机的算法来求解。一旦 v 求出之后，设 $\beta_2 = \|v\|^2$ 和 $\tilde{x}_i = X_i^T v$，类似的，根据如下优化问题可以求出 u：

$$\min_{u,\,b,\,\xi} \quad \frac{1}{2}\beta_2 \|u\|^2 + C\sum_{i=1}^{l}\xi_i$$
$$\text{s.t.} \quad y_i(u^T \tilde{x}_i + b) \geqslant 1 - \xi_i \tag{2-73}$$
$$\xi_i \geqslant 0,\ i = 1,\ \cdots,\ l$$

得到 u 之后，再回到优化问题（2-64），如此进行交替迭代，直到满足停机准则后，就可以得到所需要的 u 和 v。秩一支持张量机的详细算法如下所示。

算法2.2 秩一支持张量机

第一步：输入训练集 $T = \{(X_1,\ y_1),\ (X_2,\ y_2),\ \cdots,\ (X_l,\ y_l)\}$，其中，$X_i \in \mathbb{R}^{n_1} \otimes \mathbb{R}^{n_2}$，$y_i \in \{-1,\ +1\}$，选取参数 $C > 0$，$\varepsilon > 0$，固定向量 u 的初值，令 $u = (1,\ \cdots,\ 1)^T$；

第二步：计算 v：设 $\beta_1 = \|u\|^2$ 和 $x_i = X_i^T u$，v 可以由如下优化问题（2-72）求出：

$$\min_{v,\,b,\,\xi} \quad \frac{1}{2}\beta_1 \|v\|^2 + C\sum_{i=1}^{l}\xi_i$$
$$\text{s.t.} \quad y_i(v^T x_i + b) \geqslant 1 - \xi_i$$
$$\xi_i \geqslant 0,\ i = 1,\ \cdots,\ l$$

第三步：计算 $u : v$ 求得之后，设 $\beta_2 = \parallel v \parallel^2$ 和 $\tilde{x}_i = X_i^{\mathrm{T}} v$ ，u 可以由如下优化问题（2-73）求出：

$$\min_{u, b, \xi} \quad \frac{1}{2} \beta_2 \parallel u \parallel^2 + C \sum_{i=1}^{l} \xi_i$$

$$\text{s. t.} \quad y_i(u^{\mathrm{T}} \tilde{x}_i + b) \geqslant 1 - \xi_i$$

$$\xi_i \geqslant 0, \ i = 1, \cdots, l$$

第四步：交替迭代计算 u 和 v ，如果同时满足以下条件：$\parallel u_i - u_{i-1} \parallel \leqslant \varepsilon$ 、$\parallel v_i - v_{i-1} \parallel \leqslant \varepsilon$ 和 $\parallel b_i - b_{i-1} \parallel \leqslant \varepsilon$（其中 ε 是一个阈值），则迭代停止，u_i 、v_i 和 b_i 即为所求的变量，输出 u^* ，v^* ，b^* 。否则，重复第二步和第三步。

2. 高阶秩一支持张量机

秩一支持张量机的优化问题（2-64）和算法 2.2 可以推广到高阶秩一支持张量机（Higher Rank-one Support Tensor Machine，HR1-STM）。对于一个输入 $X_i \in \mathbb{R}^{I_1} \otimes \cdots \otimes \mathbb{R}^{I_N}$ 为 N 阶张量的分类问题，已知训练集：

$$T = \{(X_1, y_1), (X_2, y_2), \cdots, (X_l, y_l)\} \tag{2-74}$$

高阶秩一支持张量机优化模型为：

$$\min_{w_k|_{k=1}^{N}, b, \xi} \quad \frac{1}{2} \parallel \bigotimes_{k=1}^{N} w_k \parallel_{\mathrm{F}}^2 + C \sum_{i=1}^{l} \xi_i$$

$$\text{s. t.} \quad y_i(\langle \bigotimes_{k=1}^{N} w_k, X_i \rangle + b) \geqslant 1 - \xi_i \tag{2-75}$$

$$\xi \geqslant 0, \ i = 1, \cdots, l$$

其中，权重张量为 N 阶秩一张量 $\bigotimes_{k=1}^{N} w_k$ ，输入为 N 阶张量 $X_i \in \mathbb{R}^{I_1} \otimes \cdots \otimes \mathbb{R}^{I_N}$ ，$y_i \in \mathbb{Y} = \{+1, -1\}$ 为 X_i 的标签，$\xi = (\xi_1, \cdots, \xi_l)^{\mathrm{T}}$ 为松弛变量，正则化参数 $C > 0$ 。

最终得到的决策函数：

$$f(X) = \mathrm{sgn}(g(X)) = \mathrm{sgn}(\langle \bigotimes_{k=1}^{M} w_k, X \rangle + b) \tag{2-76}$$

算法 2.3　HR1-STM

第一步：输入训练集 $T = \{(X_1, y_1), \cdots, (X_l, y_l)\} \in (\mathbb{R}^{I_1} \otimes \cdots \otimes \mathbb{R}^{I_M} \times \mathbb{Y})^l$ ，选取参数 $C > 0$ ，$\varepsilon > 0$ ，设置向量 $w_k|_{k=1}^{M}$ 的初始值均为全 1 向量；

第二步：对于 $1 \leqslant m \leqslant M$ 采用算法 2.2 求解优化问题

$$\min_{w_m,\,b,\,\xi} \quad \frac{\gamma}{2}\parallel w_m \parallel_2^2 + C\sum_{i=1}^{l}\xi_i$$

$$\text{s. t.} \quad y_i(w_m^{\mathrm{T}}x_i + b) \geqslant 1 - \xi_i$$

$$\xi_i \geqslant 0,\ i = 1,\ \cdots,\ l$$

得到最优解 w_m^*，其中 $x_i = \mathrm{X}_i \bar{\times}_m w_m$，$\gamma = \prod_{k=1,\ k\neq m}^{M}\parallel w_k \parallel_2^2$；

第三步：循环第二步，直到满足下列终止性条件：

$$\parallel w_{m,\,t} - w_{m,\,t-1} \parallel_2 \leqslant \varepsilon,$$

这里求出的 $w_k^* \in \mathbb{R}^{l_k}$ 作为输出，其中，$k = 1,\ \cdots,\ M$。

2.4.3 最小二乘支持张量机

2013 年，结合最小二乘思想，吕蒙等基于秩一支持张量机提出最小二乘支持张量机[98]（Least Squares Support Tensor Machine，LS-STM），其用来解决张量数据分类问题的新方法。通过将秩一支持张量机中不等式约束改为等式约束，得到最小二乘支持张量机的优化模型。最小二乘支持张量机在计算上采用求解一系列线性方程组，所以，在计算时间上比标准的秩一支持张量机具有明显优势。

对于线性分类问题，给定训练集

$$T = \{(\mathrm{X}_1,\ y_1),\ (\mathrm{X}_2,\ y_2),\ \cdots,\ (\mathrm{X}_l,\ y_l)\} \tag{2-77}$$

其中，输入 $\mathrm{X}_i \in \mathbb{R}^{n_1} \otimes \mathbb{R}^{n_2}$ 为二阶张量（矩阵），$y_i \in \{-1,\ +1\}$ 为类别标签，$i = 1,\ 2,\ \cdots,\ l$。

最小二乘支持张量机的优化模型：

$$\min_{u,\,v,\,b,\,\eta} \quad \frac{1}{2}\parallel uv^{\mathrm{T}} \parallel_{\mathrm{F}}^2 + \frac{C}{2}\sum_{i=1}^{l}\eta_i^2$$
$$\text{s. t.} \quad y_i(u^{\mathrm{T}}\mathrm{X}_i v + b) = 1 - \eta_i,\ i = 1,\ \cdots,\ l \tag{2-78}$$

其中，参数 C 用来于权衡最大间隔与经验风险的重要程度，又称惩罚参数；η_i 是松弛变量。类似于标准的秩一张量机，u 和 v 的求解过程相互依赖，无法单独进行求解，求解过程采用交替迭代算法。

算法 2.4 最小二乘支持张量机

第一步：输入训练集 $T = \{(\mathrm{X}_1,\ y_1),\ (\mathrm{X}_2,\ y_2),\ \cdots,\ (\mathrm{X}_l,\ y_l)\}$，其中，$\mathrm{X}_i \in \mathbb{R}^{n_1} \otimes \mathbb{R}^{n_2}$，选取参数 $C > 0,\ \varepsilon > 0$，为 u 赋初值，令 $u = (1,\ \cdots,\ 1)^{\mathrm{T}}$，令

$\beta_1 = \| u \|^2$，并且记 $x_i = X_i^T u$。

第二步：计算 v：v 的求解可以通过求解如下的最小二乘支持向量机：

$$\min_{v, b, \eta} \quad \frac{1}{2}\beta_1 v^T v + \frac{C}{2}\sum_{i=1}^{l}\eta_i^2$$

$$\text{s.t.} \quad y_i(v^T x_i + b) = 1 - \eta_i, \ i = 1, \cdots, l$$

第三步：计算 u：在求得 v 之后，令 $\beta_2 = \| v \|^2$，并且记 $\tilde{x}_i = X_i^T v$，u 可以由如下最小二乘支持向量机求出

$$\min_{u, b, \eta} \quad \frac{1}{2}\beta_2 u^T u + \frac{C}{2}\sum_{i=1}^{l}\eta_i^2$$

$$\text{s.t.} \quad y_i(u^T \tilde{x}_i + b) = 1 - \eta_i, \ i = 1, \cdots, l$$

第四步：交替迭代计算 u 和 v，交替进行第二步和第三步，当计算结果同时满足以下条件：$\| u_i - u_{i-1} \| \leqslant \varepsilon$、$\| v_i - v_{i-1} \| \leqslant \varepsilon$ 和 $\| b_i - b_{i-1} \| \leqslant \varepsilon$ 时（其中 ε 是一个阈值），迭代停止。这时求得的 u^*、v^* 和 b^* 作为输出。

2.4.4　中心支持张量机

2012 年，R. Khemchandani 等基于中心支持向量机和张量学习的理论基础，提出中心支持张量机[99]（Proximal Support Tensor Machine，PSTM），与最小二乘张量机 LS-STM 相比，PSTM 的优化模型比 LS-STM 的优化模型目标函数中多了一项 $b^2/2$，从而使问题变成严格的凸二次规划问题。

对于线性可分问题，给定训练集

$$T = \{(X_1, y_1), (X_2, y_2), \cdots, (X_l, y_l)\} \tag{2-79}$$

其中，输入 $X_i \in \mathbb{R}^{n_1} \otimes \mathbb{R}^{n_2}$ 为二阶张量（矩阵），$y_i \in \{-1, +1\}$ 为类别标签，$i = 1, 2, \cdots, l$。

中心支持张量机的优化模型如下：

$$\min_{u, v, b, \eta} \quad \frac{1}{2}\| u v^T \|_F^2 + \frac{b^2}{2} + \frac{C}{2}\sum_{i=1}^{l}\eta_i^2 \tag{2-80}$$

$$\text{s.t.} \quad y_i(u^T X_i v + b) = 1 - \eta_i, \ i = 1, \cdots, l$$

算法 2.5　中心支持张量机

第一步：输入训练集 $T = \{(X_1, y_1), (X_2, y_2), \cdots, (X_l, y_l)\}$，其中，$X_i \in \mathbb{R}^{n_1} \otimes \mathbb{R}^{n_2}$，选取参数 $C > 0$，$\varepsilon > 0$，为 u 赋初值，令 $u = (1, \cdots, 1)^T$，

令 $\beta_1 = \| u \|^2$，并且记 $x_i = X_i^{\mathrm{T}} u$。

第二步：计算 v：v 的求解可以通过求解如下的中心支持向量机：

$$\min_{v, b, \eta} \quad \frac{1}{2}\beta_1 v^{\mathrm{T}} v + \frac{b^2}{2} + \frac{C}{2}\sum_{i=1}^{l}\eta_i^2$$

$$\text{s.t.} \quad y_i(v^{\mathrm{T}} x_i + b) = 1 - \eta_i, \ i = 1, \cdots, l$$

第三步：计算 u：在求得 v 之后，令 $\beta_2 = \| v \|^2$，并且记 $\tilde{x}_i = X_i^{\mathrm{T}} v$，$u$ 可以由如下中心支持向量机求出：

$$\min_{u, b, \eta} \frac{1}{2}\beta_2 u^{\mathrm{T}} u + \frac{b^2}{2} + \frac{C}{2}\sum_{i=1}^{l}\eta_i^2$$

$$\text{s.t.} \quad y_i(u^{\mathrm{T}} \tilde{x}_i + b) = 1 - \eta_i, \ i = 1, \cdots, l$$

第四步：交替迭代计算 u 和 v：交替进行第二步和第三步，当计算结果同时满足以下条件：$\| u_i - u_{i-1} \| \leqslant \varepsilon$、$\| v_i - v_{i-1} \| \leqslant \varepsilon$ 和 $\| b_i - b_{i-1} \| \leqslant \varepsilon$ 时（其中 ε 是一个阈值），迭代停止。这时求得的 u^*、v^* 和 b^* 作为输出。

2.4.5 限定双子支持张量机

2015 年，石海发对限定双子支持向量机进行推广，提出了限定双子支持张量机模型[100]（Twin Bounded Support Tensor Machine，TBSTM）。TBSTM 继承了 TBSVM 的特点，减少了计算复杂度。

对于线性分类问题，给定训练集

$$T = \{(X_1^+, +1), \cdots, (X_p^+, +1,), (X_1^-, -1,), \cdots, (X_q^-, -1,)\} \quad (2\text{-}81)$$

其中，输入 $X_i^+ \in \mathbb{R}^{n_1} \otimes \mathbb{R}^{n_2}$ 为矩阵，其中 $i = 1, 2, \cdots, p$；$X_j^- \in \mathbb{R}^{n_1} \otimes \mathbb{R}^{n_2}$ 为矩阵，其中 $j = 1, 2, \cdots, q$，$\{-1, +1\}$ 为类别标签。限定双子支持张量机的优化模型如下：

（R1-TBSTM1）

$$\min_{u_1, v_1, b_1, \xi_-} \quad \frac{1}{2}C_3(\| u_1 v_1^{\mathrm{T}} \|_{\mathrm{F}}^2 + b_1^2) + \frac{1}{2}\sum_{i=1}^{p}(u_1^{\mathrm{T}} X_i^+ v_1 + b_1)^2 + C_1\sum_{j=1}^{q}\xi_{2j} \quad (2\text{-}82)$$

$$\text{s.t.} \quad -(u_1^{\mathrm{T}} X_j^- v_1 + b_1) + \xi_{2j} \geqslant 1, \xi_{2j} \geqslant 0, j = 1, \cdots, q$$

（R1-TBSTM2）

$$\min_{u_2, v_2, b_2, \xi_+} \quad \frac{1}{2}C_4(\| u_2 v_2^{\mathrm{T}} \|_{\mathrm{F}}^2 + b_2^2) + \frac{1}{2}\sum_{j=1}^{q}(u_2^{\mathrm{T}} X_j^- v_2 + b_2)^2 + C_2\sum_{i=1}^{p}\xi_{1i} \quad (2\text{-}83)$$

$$\text{s.t.} \quad (u_2^{\mathrm{T}} X_i^+ v_2 + b_2) + \xi_{1i} \geqslant 1, \xi_{1i} \geqslant 0, i = 1, \cdots, p$$

优化问题（R1-TBSTM1 和 R1-TBSTM2）的对偶问题为

（R1-DTBSTM1）

$$\max_{\alpha} \quad e_2^{\mathrm{T}}\alpha - \frac{1}{2}\alpha^{\mathrm{T}}G\,(H^{\mathrm{T}}H + C_3P)^{-1}\,G^{\mathrm{T}}\alpha \tag{2-84}$$

$$\text{s. t.} \quad 0 \leqslant \alpha \leqslant C_1 e_2$$

（R1-DTBSTM2）

$$\max_{\gamma} \quad e_1^{\mathrm{T}}\gamma - \frac{1}{2}\gamma^{\mathrm{T}}H\,(G^{\mathrm{T}}G + C_4Q)^{-1}\,H^{\mathrm{T}}\gamma \tag{2-85}$$

$$\text{s. t.} \quad 0 \leqslant \gamma \leqslant C_2 e_1$$

算法 2.6　限定双子支持张量机

第一步：输入训练集 $T = \{(X_1^+, +1),\ \cdots,\ (X_p^+, +1),\ (X_1^-, -1),\ \cdots,$ $(X_q^-, -1)\}$ ，其中，$X_i^+ \in \mathbb{R}^{n_1} \otimes \mathbb{R}^{n_2}$ ，选取参数 $C_1,\ C_2,\ C_3,\ C_4 > 0,\ \varepsilon > 0$ ，$X_j^- \in \mathbb{R}^{n_1} \otimes \mathbb{R}^{n_2}$ ，为 $u_1,\ u_2$ 赋初值，令 $u_1 = u_2 = (1,\ \cdots,\ 1)^{\mathrm{T}}$ ；

第二步：计算 $v_1,\ b_1$ ：$v_1,\ b_1$ 的求解可以通过求解如下凸二次规划问题：

（R1-DTBSTM1）

$$\max_{\alpha} \quad e_2^{\mathrm{T}}\alpha - \frac{1}{2}\alpha^{\mathrm{T}}G\,(H^{\mathrm{T}}H + C_3P)^{-1}\,G^{\mathrm{T}}\alpha$$

$$\text{s. t.} \quad 0 \leqslant \alpha \leqslant C_1 e_2$$

第三步：在求得 $v_1,\ b_1$ 之后，$v_2,\ b_2$ 的求解可以通过求解如下凸二次规划问题：

（R1-DTBSTM2）

$$\max_{\gamma} \quad e_1^{\mathrm{T}}\gamma - \frac{1}{2}\gamma^{\mathrm{T}}H\,(G^{\mathrm{T}}G + C_4Q)^{-1}\,H^{\mathrm{T}}\gamma$$

$$\text{s. t.} \quad 0 \leqslant \gamma \leqslant C_2 e_1$$

第四步：交替迭代计算 u_i 和 v_i（其中 $i = 1,\ 2$）：交替进行第二步和第三步，当计算结果同时满足以下条件：$\| u_i^{(t+1)} - u_i^{(t)} \| \leqslant \varepsilon$、$\| v_i^{(t+1)} - v_i^{(t)} \| \leqslant \varepsilon$ 和 $\| b_i^{(t+1)} - b_i^{(t)} \| \leqslant \varepsilon$ 时（其中 ε 是一个阈值），迭代停止。这时求得的 u_i^*、v_i^* 和 b_i^* 作为输出。

2.5　本章小结

本章首先从分类问题的本质入手，重点介绍了支持向量机理论和支持向量机模型的拓展变型，如最小二乘支持向量机、中心支持向量机等模型。然后介绍了模糊向量机的基本模型，以及几种经典的模糊支持向量机模型及其算法。最后介绍了张量理论基础知识，以及几种经典的支持张量机模型及其算法。

第3章 模糊中心支持张量机模型及算法

PSTM 是由 R. Khemchandani[92]等人基于中心支持向量机和张量学习的基础提出的分类器，与 LS-STM 相比，PSTM 的优化模型比 LS-STM 的优化模型目标函数中多了一项 $b^2/2$，从而使问题变成严格的凸二次规划问题。为了保持更多张量数据的结构信息，本章以二阶张量作为输入，将模糊隶属度函数应用到中心支持张量机的学习模型，构建了线性模糊中心支持张量机（Linear Fuzzy Proximal Support Tensor Machines，FPSTM）。FPSTM 是通过求解一个线性方程组，代替了秩一支持张量机求解凸优化问题，使得计算速度提高，可以有效节约计算时间。为了处理张量数据的非线性可分问题，本章引入一种新的核函数，构建了基于张量核函数的模糊中心支持张量机（Kernel Fuzzy Proximal Support Tensor Machine，K-FPSTM）。

与传统的模糊中心支持向量机相比，本文提出的 FPSTM 和 K-FPSTM 学习模型，可以直接以张量数据作为输入，避免张量数据向量化的过程，从而有效减少原始数据结构信息的破坏，最后的数值实验结果也验证了模糊中心支持张量机在分类效果和计算速度上的优势。

3.1 线性模糊中心支持张量机

在 3.1 节，我们主要介绍线性模糊中心支持张量机的模型和算法，3.2 节我们给出非线性模糊中心支持张量机的模型及算法。

3.1.1 模型建立

关于一个分类问题，对于给定训练集 $T = \{(X_1, y_1, s_1), \cdots, (X_l, y_l, s_l)\} \in (\mathbb{R}^{n_1} \otimes \mathbb{R}^{n_2} \times \mathbb{Y} \times s)^l$，其中，$X_i \in \mathbb{R}^{n_1} \otimes \mathbb{R}^{n_2}$ 是输入，$y_i \in \{+1, -1\}$ 是类别标签，$s_i \in [0, 1]$ 是 X_i 属于 y_i 的模糊隶属度。模糊中心支持张量机的优化模型

可以表示为如下优化问题：

$$\min_{u,\,v,\,b,\,\eta} \quad \frac{1}{2}\parallel u\,v^{\mathrm{T}}\parallel_{\mathrm{F}}^2 + \frac{b^2}{2} + \frac{C}{2}\sum_{i=1}^{l}s_i\eta_i^2 \tag{3-1}$$

$$\text{s.t.} \quad y_i(u^{\mathrm{T}}X_iv + b) = 1 - \eta_i,\ i = 1,\,\cdots,\,l$$

其中，C 是用于权衡极大间隔与经验风险重要程度的参数，也称惩罚参数。η_i 是松弛变量。引入拉格朗日乘子 α_i 构造拉格朗日函数：

$$L(u,\,v,\,b,\,\eta,\,\alpha) = \frac{1}{2}\parallel u\,v^{\mathrm{T}}\parallel_{\mathrm{F}}^2 + \frac{b^2}{2} + \frac{C}{2}\sum_{i=1}^{l}s_i\eta_i^2 - \sum_{i=1}^{l}\alpha_i$$
$$[y_i(u^{\mathrm{T}}X_iv + b) - 1 + \eta_i] \tag{3-2}$$

由于：

$$\frac{1}{2}\parallel u\,v^{\mathrm{T}}\parallel^2 = \frac{1}{2}\mathrm{Tr}(u\,v^{\mathrm{T}}v\,u^{\mathrm{T}}) = \frac{1}{2}(v^{\mathrm{T}}v)(u^{\mathrm{T}}u) \tag{3-3}$$

拉格朗日函数可以改写为

$$L(u,\,v,\,b,\,\eta,\,\alpha) = \frac{1}{2}(u^{\mathrm{T}}u)(v^{\mathrm{T}}v) + \frac{b^2}{2} + \frac{C}{2}\sum_{i=1}^{l}s_i\eta_i^2 - \sum_{i=1}^{l}\alpha_i$$
$$[y_i(u^{\mathrm{T}}X_iv + b) - 1 + \eta_i] \tag{3-4}$$

由 KKT 条件，对 $u,\,v,\,\alpha,\,\eta$ 分别求偏导数可以得到

$$u = \frac{\sum\limits_{i=1}^{l}\alpha_iy_iX_iv}{v^{\mathrm{T}}v} \tag{3-5}$$

$$v = \frac{\sum\limits_{i=1}^{l}\alpha_iy_iX_iu}{u^{\mathrm{T}}u} \tag{3-6}$$

$$\sum_{i=1}^{l}\alpha_iy_i = b \tag{3-7}$$

$$\eta_i = \alpha_i/Cs_i,\ i = 1,\,\cdots,\,l \tag{3-8}$$

由式（3-5）和（3-6），我们发现 u 和 v 的求解过程相互依赖，无法单独进行求解，所以，仍然采用交替迭代算法。

首先，固定 u，令 $\beta_1 = \parallel u\parallel^2$，并且记 $x_i = X_i^{\mathrm{T}}u$，代入优化问题（3-1），由此可以得到一个关于 v 的一个二次规划问题：

$$\min_{v,\,b,\,\eta}\quad \frac{1}{2}\beta_1 v^{\mathrm{T}}v + \frac{b^2}{2} + \frac{C}{2}\sum_{i=1}^{l}s_i\eta_i^2 \tag{3-9}$$

$$\text{s. t.}\quad y_i(v^{\mathrm{T}}x_i + b) = 1 - \eta_i,\ i = 1,\,\cdots,\,l$$

不难发现，优化问题（3-9）的求解类似于一个标准的模糊中心支持向量机，对于优化问题（3-9），我们构造拉格朗日函数：

$$L(u,\,v,\,b,\,\eta,\,\alpha) = \frac{1}{2}\beta_1 v^{\mathrm{T}}v + \frac{b^2}{2} + \frac{C}{2}\sum_{i=1}^{l}s_i\eta_i^2 - \sum_{i=1}^{l}\alpha_i$$
$$[y_i(v^{\mathrm{T}}x_i + b) - 1 + \eta_i] \tag{3-10}$$

结合最优性理论，利用 KKT 条件，我们可以得到

$$v = \frac{\displaystyle\sum_{i=1}^{l}\alpha_i y_i x_i}{\beta_1} \tag{3-11}$$

$$\sum_{i=1}^{l}\alpha_i y_i = b \tag{3-12}$$

$$\eta_i = \alpha_i / C s_i \tag{3-13}$$

$$y_i(v^{\mathrm{T}}x_i + b) - 1 + \eta_i = 0 \tag{3-14}$$

由（3-11）至（3-14）整理得到计算 α 的线性方程组：

$$\left[\frac{\Phi^{\mathrm{T}}\Phi}{\beta_1} + \frac{S^{-1}}{C} + Y^{\mathrm{T}}Y\right]\alpha = e \tag{3-15}$$

其中，$S = \mathrm{diag}[s_1,\,\cdots,\,s_l]$ 是对角矩阵，其主对角线元素为样本点的模糊隶属度 s_i，$(i = 1,\,2,\,\cdots,\,l)$，式中 $\Phi = (x_1^{\mathrm{T}},\,x_2^{\mathrm{T}},\,\cdots,\,x_l^{\mathrm{T}})^{\mathrm{T}}$，$e$ 为全一列向量。

并且，$\Phi\Phi^{\mathrm{T}}$ 可以展开为下面形式：

$$\Phi\Phi^{\mathrm{T}} = \begin{pmatrix} x_1^{\mathrm{T}} \\ x_2^{\mathrm{T}} \\ \vdots \\ x_l^{\mathrm{T}} \end{pmatrix}(x_1,\,x_2,\,\cdots,\,x_l) = \begin{pmatrix} x_1^{\mathrm{T}}x_1 & x_1^{\mathrm{T}}x_2 & \cdots & x_1^{\mathrm{T}}x_l \\ x_2^{\mathrm{T}}x_1 & x_2^{\mathrm{T}}x_2 & \cdots & x_2^{\mathrm{T}}x_l \\ \vdots & \vdots & \ddots & \vdots \\ x_l^{\mathrm{T}}x_1 & x_l^{\mathrm{T}}x_2 & \cdots & x_l^{\mathrm{T}}x_l \end{pmatrix} \tag{3-16}$$

这样，一旦求得 v 之后，令 $\beta_2 = \|v\|^2$，并且记 $\tilde{x}_i = X_i^{\mathrm{T}}v$，由此可以得到一个关于 u 的一个二次规划问题：

$$\min_{u,\,b,\,\eta}\quad \frac{1}{2}\beta_2 u^{\mathrm{T}}u + \frac{b^2}{2} + \frac{C}{2}\sum_{i=1}^{l}s_i\eta_i^2 \tag{3-17}$$

$$\text{s. t.}\quad y_i(u^{\mathrm{T}}\tilde{x}_i + b) = 1 - \eta_i,\ i = 1,\,\cdots,\,l$$

同样，优化问题（3-17）是一个标准的模糊中心支持向量机，容易求得 u，这样一来，可以通过优化问题（3-9）和（3-17）交替迭代计算 u 和 v。一般地，u 的初值固定为全一向量。

3.1.2 算法

第一步：输入数据集 $T = \{(X_1, y_1, s_1), \cdots, (X_l, y_l, s_l)\} \in (\mathbb{R}^{n_1} \otimes \mathbb{R}^{n_2} \times \mathbb{Y} \times s)^l$，选取参数 $C > 0$，$\varepsilon > 0$，固定向量 u 的初值，令 $u = (1, \cdots, 1)^T$，$\beta_1 = \|u\|^2$，并且记 $x_i = X_i^T u$。

第二步：计算 v：v 的求解可以通过求解如下的中心支持向量机：

$$\min_{v, b, \eta} \quad \frac{1}{2}\beta_1 v^T v + \frac{b^2}{2} + \frac{C}{2}\sum_{i=1}^{l} s_i \eta_i^2$$
$$\text{s.t.} \quad y_i(v^T x_i + b) = 1 - \eta_i, \quad i = 1, \cdots, l$$

第三步：计算 u：在求得 v 之后，令 $\beta_2 = \|v\|^2$，并且记 $\tilde{x}_i = X_i^T v$，u 可以由如下中心支持向量机求出：

$$\min_{u, b, \eta} \quad \frac{1}{2}\beta_2 u^T u + \frac{b^2}{2} + \frac{C}{2}\sum_{i=1}^{l} s_i \eta_i^2$$
$$\text{s.t.} \quad y_i(u^T \tilde{x}_i + b) = 1 - \eta_i, \quad i = 1, \cdots, l$$

第四步：交替迭代计算 u 和 v：交替进行第二步和第三步，当计算结果同时满足以下条件：$\|u^{(t+1)} - u^{(t)}\| \leqslant \varepsilon$、$\|v^{(t+1)} - v^{(t)}\| \leqslant \varepsilon$ 和 $\|b^{(t+1)} - b^{(t)}\| \leqslant \varepsilon$ 时（其中 ε 是一个阈值），迭代停止。这时求得的 u^*、v^*、b^* 作为所求的输出。

定理 3.1 算法 3.1.2 通过交替迭代求解优化问题（3-9）和（3-17）求得原问题的最优解 (u_i^*, v_i^*, b_i^*)，$i = 1, 2$ 是全局最优，所以 FPSTM 算法收敛。

证明 设 $f(u, v)$ 是优化问题（3-1）的目标函数，则

$$f(u, v) = \frac{1}{2}\|uv^T\|_F^2 + \frac{b^2}{2} + \frac{C}{2}\sum_{i=1}^{l} s_i \eta_i^2$$

根据算法 3.1.2，对于给定的 u_0，可以根据相应的 Wolfe 对偶问题（3-9）得到最优解 v_0，固定 $v = v_0$，则根据相应的 Wolfe 对偶问题（3-17）得到最优解 u_1，由此可以得到一个单调递减的序列：

$$f(u_0, v_0) \geqslant f(u_1, v_0) \geqslant f(u_1, v_1) \geqslant f(u_2, v_1) \geqslant \cdots$$

由于 f 的下界为 0，则其收敛。

3.2　非线性模糊中心支持张量机

对于非线性可分的分类问题，在 3.2 节中，我们利用一种张量核函数，构建了一种新的模糊中心支持张量机模型——基于张量核函数的模糊中心支持张量机。

为了处理张量数据的非线性可分问题，首先介绍几种经典的张量核函数[101-103]。

1. 朴素张量核函数

把向量核函数从向量空间推广到张量空间，就得到朴素张量核函数。在第 2 章第 2.2 节，基于向量空间，我们讨论了向量的线性核函数、多项式核函数和向量的高斯径向基核函数，因此，把这三类核函数进行推广，就能得到张量空间下线性核函数、多项式核函数和高斯径向基核函数：

$$K(X,\ Y) = \langle X,\ Y \rangle \tag{3-18}$$

$$K(X,\ Y) = (\langle X,\ Y \rangle + 1)^{d} \tag{3-19}$$

$$K(X,\ Y) = \exp(-\parallel X - Y \parallel_{F}^{2}/2\sigma^{2}) \tag{3-20}$$

通过上述讨论，我们发现得到朴素张量核函数的过程，就是把向量核函数中的向量用张量代替，图 3.1 刻画了朴素张量核函数的形成过程。

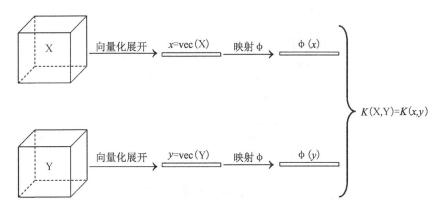

图 3.1　朴素张量核函数示例

例 3.1　我们引入一个二阶矩阵，假设矩阵的秩反映了它的结构信息，则以下四个矩阵中

$$X_1 = \begin{bmatrix} 1 & 0 \\ 0 & 1 \end{bmatrix}, \ Y_1 = \begin{bmatrix} 2 & 1 \\ 1 & 0 \end{bmatrix}, \ X_2 = \begin{bmatrix} 1 & 1 \\ 2 & 2 \end{bmatrix}, \ Y_2 = \begin{bmatrix} 1 & 1 \\ 0 & 0 \end{bmatrix}$$

由于 $\text{rank}(X_1) = \text{rank}(Y_1) = 2 \neq \text{rank}(X_2) = \text{rank}(Y_2)$，因此，根据假设，矩阵 X_1，Y_1 和 X_2，Y_2 具有不同的结构信息。但是，根据朴素张量线性核函数（3-18）的计算公式：

$$K(X_1, \ Y_1) = \langle X_1, \ Y_1 \rangle = K(X_2, \ Y_2) = \langle X_2, \ Y_2 \rangle = 2$$

由此说明朴素张量线性核函数并没有保持矩阵秩的结构信息，也就是说，朴素张量核函数一定程度上丢失了部分张量的结构信息。

2. 传统张量核函数

首先，将高阶张量空间中的 N 阶张量 $X \in \mathbb{R}^{I_1} \otimes \cdots \otimes \mathbb{R}^{I_N}$ 和 $Y \in \mathbb{R}^{I_1} \otimes \cdots \otimes \mathbb{R}^{I_N}$ 沿着 N 个方向模式矩阵化展开，由此得到 N 个方向模式的矩阵数据：$X_{(1)}$，$\cdots$，$X_{(N)}$ 和 $Y_{(1)}$，$\cdots$，$Y_{(N)}$；然后，在相同模式下构造两个矩阵的核函数，即 N 个核函数 $K_1(X_{(1)}, \ Y_{(1)})$，$\cdots$，$K_N(X_{(N)}, \ Y_{(N)})$；最后根据核函数的乘法保持性，得到张量 X 和 Y 的核函数：

$$K(X, \ Y) = K_1(X_{(1)}, \ Y_{(1)}) \times \cdots \times K_N(X_{(N)}, \ Y_{(N)}) \tag{3-21}$$

实际上传统张量核函数将矩阵因子作为处理对象，因此，这种张量核函数的构造方法能够保持张量的结构信息。图 3.2 给出了传统的张量核函数的构造过程。

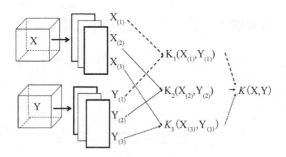

图 3.2　传统张量核函数示例

3. 数组型张量核函数

Daniusis 和 Gao 在文献［52，102］中，分别讨论了基于二阶张量（矩阵数据）的核函数，称为数组型张量核函数。Daniusis 给出的矩阵核函数为

$$K(\mathrm{X},\ \mathrm{Y}) = \tilde{\mathrm{X}}^{\mathrm{T}}\tilde{\mathrm{Y}} = \left[\psi(x_{:\,1})\quad\cdots\quad\psi(x_{:\,I_2})\right]^{\mathrm{T}}\left[\psi(y_{:\,1})\quad\cdots\quad\psi(y_{:\,I_2})\right]$$

$$= \begin{bmatrix} \psi(x_{:\,1})^{\mathrm{T}}\psi(y_{:\,1}) & \cdots & \psi(x_{:\,1})^{\mathrm{T}}\psi(y_{:\,I_2}) \\ \vdots & \vdots & \vdots \\ \psi(x_{:\,I_2})^{\mathrm{T}}\psi(y_{:\,1}) & \cdots & \psi(x_{:\,I_2})^{\mathrm{T}}\psi(y_{:\,I_2}) \end{bmatrix} \tag{3-22}$$

其中，$x_{:\,i}$ 和 $y_{:\,i}$ 分别为矩阵 X 和 Y 的第 i 列，$\psi(\cdot)$ 为一非线性映射。此时，矩阵数据的数组型张量核函数是一个矩阵而不再是一个数。

类似于（3-22），Gao 给出的矩阵核函数为：

$$K(\mathrm{X},\ \mathrm{Y}) = \Phi(\mathrm{X})\Phi(\mathrm{Y})^{\mathrm{T}} = \begin{bmatrix} \varphi(x_{1:}) \\ \varphi(x_{2:}) \\ \vdots \\ \varphi(x_{I_1:}) \end{bmatrix} \begin{bmatrix} \varphi(y_{1:}) \\ \varphi(y_{2:}) \\ \vdots \\ \varphi(y_{I_1:}) \end{bmatrix}^{\mathrm{T}}$$

$$= \begin{bmatrix} \psi(x_{1:})\psi(y_{1:})^{\mathrm{T}} & \cdots & \psi(x_{1:})\psi(y_{I_1:})^{\mathrm{T}} \\ \vdots & \vdots & \vdots \\ \psi(x_{I_1:})\psi(y_{1:})^{\mathrm{T}} & \cdots & \psi(x_{I_1:})\psi(y_{I_1:})^{\mathrm{T}} \end{bmatrix} \tag{3-23}$$

其中，$x_{i:}$ 和 $y_{i:}$ 分别为矩阵 X 和 Y 的第 i 行，$\varphi(\cdot)$ 为一非线性映射。

令

$$\psi(x_{i:})\psi(y_{j:})^{\mathrm{T}} = e^{-\gamma\|x_{i:}-y_{j:}\|_2^2} \tag{3-24}$$

即可得到如下形式的基于矩阵数据的 Gauss 径向基核函数：

$$K(\mathrm{X},\ \mathrm{Y}) = \begin{bmatrix} \psi(x_{1:})\psi(y_{1:})^{\mathrm{T}} & \cdots & \psi(x_{1:})\psi(y_{I_1:})^{\mathrm{T}} \\ \vdots & \vdots & \vdots \\ \psi(x_{I_1:})\psi(y_{1:})^{\mathrm{T}} & \cdots & \psi(x_{I_1:})\psi(y_{I_1:})^{\mathrm{T}} \end{bmatrix}$$

$$\tag{3-25}$$

$$= \begin{bmatrix} e^{-\gamma\|x_{1:}-y_{1:}\|^2} & \cdots & e^{-\gamma\|x_{1:}-y_{I_1:}\|^2} \\ \vdots & \vdots & \vdots \\ e^{-\gamma\|x_{I_1:}-y_{1:}\|^2} & \cdots & e^{-\gamma\|x_{I_1:}-y_{I_1:}\|^2} \end{bmatrix}$$

数组型张量核函数（3-24）和（3-25）目前对于模型推广和泛化的能力较差，原因在于这两类核函数适用范围小，只适用于二阶张量数据。从适用的模型角度分析，它们只适合应用在秩一支持张量机的模型中。

4. 保持张量结构的张量核函数

首先将张量进行 CP 分解，映射 $\Phi(\cdot)$ 是将张量 CP 分解后的向量进行映射，而非直接将张量映射到特征空间。保持张量结构的张量核函数定义为

$$K(X, Y) = K\Big(\sum_{r=1}^{R} \bigotimes_{k=1}^{M} x_k^r, \sum_{r=1}^{R} \bigotimes_{k=1}^{M} y_k^r\Big) = \sum_{i=1}^{R} \sum_{j=1}^{R} \prod_{k=1}^{M} K(x_k^r, y_k^r) \qquad (3-26)$$

据此我们不难确定该张量核函数也能够保持更多的张量结构信息。图 3.3 体现了该张量核函数的构造过程。

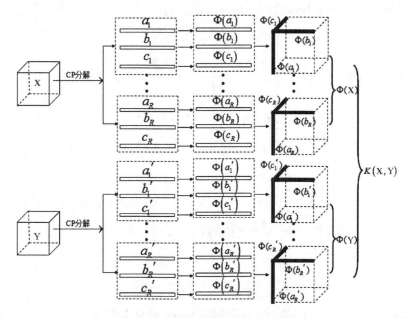

图 3.3　保持张量结构的张量核函数示例法

特别地，当向量 x_k^r 与 y_k^r 采用高斯径向基核函数函数时，张量核函数为

$$K(X, Y) = \sum_{i=1}^{R} \sum_{j=1}^{R} \prod_{k=1}^{M} K(x_k^r, y_k^r)$$

$$= \sum_{i=1}^{R} \sum_{j=1}^{R} \exp\Big(-\sigma \sum_{k=1}^{M} \| x_k^r - y_k^r \|_2^2\Big) \qquad (3-27)$$

张量核函数中的矩阵化展开和张量的 CP 分解，都与张量的阶数和规模有关，因此，当张量的阶数和规模比较大时，必然会影响这两种方法计算时间和数据储存。

3.2.1　模型建立

给定训练集 $T = \{(X_1, y_1, s_1), \cdots, (X_l, y_l, s_l)\} \in (\mathbb{R}^{n_1} \otimes \mathbb{R}^{n_2} \times \mathbb{Y} \times s)^l$。其中，$X_i \in \mathbb{R}^{n_1} \otimes \mathbb{R}^{n_2}$ 是输入，$y_i \in \{+1, -1\}$ 是类别标签，$s_i \in [0, 1]$ 是 X_i 属于 y_i 的模糊隶属度。定义特征变换 $\varphi(\cdot)$，将输入 X_i 从原 $\mathbb{R}^{n_1} \otimes \mathbb{R}^{n_2}$ 空间投影到特征空间，基于张量核函数的模糊中心支持张量机的优化模型如下：

$$\min_{w, b, \eta} \quad \frac{1}{2} \| W \|_F^2 + \frac{b^2}{2} + \frac{C}{2} \sum_{i=1}^{l} s_i \eta_i^2 \tag{3-28}$$

$$\text{s.t.} \quad y_i(\langle W, \varphi(X_i) \rangle + b) = 1 - \eta_i, \quad i = 1, \cdots, l$$

其中，C 是用于权衡极大间隔与经验风险重要程度的参数，也称惩罚参数。η_i 是松弛变量。为了求解优化问题，引入拉格朗日函数：

$$L(W, b, \eta, \alpha) = \frac{1}{2} \| W \|_F^2 + \frac{b^2}{2} + \frac{C}{2} \sum_{i=1}^{l} s_i \eta_i^2 - \sum_{i=1}^{l} \alpha_i$$
$$[y_i(\langle W, \varphi(X_i) \rangle + b) - 1 + \eta_i] \tag{3-29}$$

由 KKT 条件可以得到

$$W = \sum_{i=1}^{l} \alpha_i y_i \varphi(X_i) \tag{3-30}$$

$$\sum_{i=1}^{l} \alpha_i y_i = b \tag{3-31}$$

$$\eta_i = \alpha_i / C s_i, \quad i = 1, \cdots, l \tag{3-32}$$

$$y_i(\langle W, \varphi(X_i) \rangle + b) - 1 + \eta_i = 0 \tag{3-33}$$

结合（3-30）至（3-33），我们可以通过如下方程组求解 α：

$$(D\varphi \varphi^T D + D e e^T D + C^{-1} S^{-1}) \alpha = e \tag{3-34}$$

其中，$D = \text{diag}(y_1, y_2, \cdots, y_l)$，$S = \text{diag}(s_1, s_2, \cdots, s_l)$，$\varphi = (\varphi^T(X_1), \varphi^T(X_2), \cdots, \varphi^T(X_l))^T$，$e = (1, 1, \cdots, 1)^T$。通过求解线性方程组（3-34），令

$$K(X_i, X_j) = \langle \varphi(X_i), \varphi(X_j) \rangle \tag{3-35}$$

得到解决非线性分类问题的决策函数：

$$f(X) = \text{sgn}(\sum_{i=1}^{l} \alpha_i y_i K \langle X_i, X \rangle + b) \tag{3-36}$$

值得注意的是，若式（3-35）中的核函数仅仅包含内积运算，则采用朴素张量核函数并不能保持更多的结构信息。同时，数组型核函数只能应用到 R1-STM。因此，为了改变以上核函数的局限性，基于数组型核函数，我们引入一种可以保持更多结构信息的张量核函数。

定理3.2 $u_1 = u_2$ 是 $u_1^T K(X, Y) u_2$ 成为核函数的充分条件，其中，u_1 和 u_2 是非零列向量，$K(X, Y)$ 具有和（3-22）相同的形式。

证明 当 $u_1 = u_2$ 时，

$$u_1^T K(X, Y) u_2 = u_1^T K(X, Y) u_1 = u_1^T \varphi(X)^T \varphi(Y) u_1 = (\varphi(X) u_1)^T (\varphi(Y) u_1)$$

令

$$\Phi(X) = \varphi(X) u_1$$

则

$$u_1^T K(X, Y) u_2 = \langle \Phi(X), \Phi(Y) \rangle$$

由核函数的定义知，$u_1^T K(X, Y) u_1$ 是核函数。

将核函数 $u_1^T K(X, Y) u_1$ 代入到（3-34）中，得

$$(D\Phi \Phi^T D + De\, e^T D + C^{-1} S^{-1}) \alpha = e \tag{3-37}$$

其中，

$$\Phi \Phi^T = \begin{pmatrix} u_1^T K(X_1, X_1) u_2 & u_1^T K(X_1, X_2) u_2 & \cdots & u_1^T K(X_1, X_l) u_2 \\ u_1^T K(X_2, X_1) u_2 & u_1^T K(X_2, X_2) u_2 & \cdots & u_1^T K(X_1, X_l) u_2 \\ \vdots & \vdots & \vdots & \vdots \\ u_1^T K(X_l, X_1) u_2 & u_1^T K(X_l, X_2) u_2 & \cdots & u_1^T K(X_l, X_l) u_2 \end{pmatrix} \tag{3-38}$$

由此，K-FPSTM 的决策函数表示为

$$f(X) = \text{sgn}\Big(\sum_{i=1}^{l} y_i \alpha_i^* z_1^T K(X_i, X) z_1 + b^* \Big) \tag{3-39}$$

对比基于向量的分类方法 FPSVM、基于张量的分类方法 R1-FPSTM 和本节提出的 K-FPSTM 算法，我们容易发现：①与 FPSVM 相比，K-FPSTM 直接以张量数据作为输入，这样避免了张量数据的向量化过程；②在 K-FPSTM 中，权重张量 $W = \sum_{i=1}^{l} \alpha_i X_i y_i$ 没有秩的约束，而在 R1-FPSTM 中，权重张量 $W = \bigotimes_{k=1}^{M} w_k$ 受到了秩一的条件限制，因此，K-FPSTM 比 R1-FPSTM 保持了更多的结构信息；

③计算 R1-FPSTM 需要采用交替投影迭代算法，而计算 K-FPSTM 的过程实际上是求解一个线性方程组，这样大大缩减了计算时间，提高了效率。

3.2.2　算法

第一步：输入数据集 $T = \{(X_1, y_1, s_1), \cdots, (X_l, y_l, s_l)\} \in (\mathbb{R}^{n_1} \otimes \mathbb{R}^{n_2} \times \mathbb{Y} \times s)^l$，选取参数 $C > 0$，$\varepsilon > 0$，固定向量 u_1，u_2 的初值，令 $u_1 = u_2 = (1, \cdots, 1)^T$；

第二步：构造二阶张量的核函数：$\tilde{K}(X, Y) = u_1^T K(X, Y) u_2$；

第三步：计算

$$\Phi\Phi^T = \begin{pmatrix} u_1^T K(X_1, X_1) u_2 & u_1^T K(X_1, X_2) u_2 & \cdots & u_1^T K(X_1, X_l) u_2 \\ u_1^T K(X_2, X_1) u_2 & u_1^T K(X_2, X_2) u_2 & \cdots & u_1^T K(X_2, X_l) u_2 \\ \vdots & \vdots & \vdots & \vdots \\ u_1^T K(X_l, X_1) u_2 & u_1^T K(X_l, X_2) u_2 & \cdots & u_1^T K(X_l, X_l) u_2 \end{pmatrix};$$

第四步：将 $\Phi\Phi^T$ 带入 $(D\Phi\Phi^T D + D e e^T D + C^{-1} S^{-1})\alpha = e$，求得的 α 和 b；

第五步：利用如下决策函数对新的样本点进行分类：

$$f(X) = \text{sgn}\Big(\sum_{i=1}^{l} y_i \alpha_i^* z_1^T K(X_i, X) z_1 + b^*\Big)$$

3.3　数值实验和分析

在本节中，为了验证本文提出的学习模型的有效性，从计算时间和分类精度两方面，对模糊中心支持向量机（FPSVM）、中心支持张量机（PSTM）、模糊中心支持张量机（FPSTM）和基于张量核函数的模糊中心支持张量机（K-FPSTM）等几种机器学习方法分别进行比较，从而分别验证了 FPSTM 和 K-FPSTM 在计算时间和分类精度上的优势。

在数值实验部分，我们采用评价分类器的标准有精度（Accuracy）、训练时间（Time）以及标准方差（Standard Deviation，Std），其中精度定义如下：

$$\text{Accuracy} = \frac{TP + TN}{TP + FP + TN + FN}$$

TP，TN 分别表示的是正类测试点被分对与错的点的个数，FP，FN 分别表示负类测试点被分对与错的点的个数。

3.3.1 数据集描述

为了研究本章提出模型的优势，我们分别对张量型数据和向量型数据分别进行数值实验。

1. 张量型数据集

本节对张量型数据进行数值实验，首先介绍一下实验选用的数据集：人脸识别数据库（Olivetti and Research Laboratory，ORL）和美国邮政服务（United State Postal Service，USPS）手写体识别数据库[104]。

首先对这两个数据库进行简单介绍。ORL 数据包括 ORL1 和 ORL2 两个数据集，ORL1 数据集包含 40 人的 400 张灰度人脸图片，每张图片的像素为 32×32，每人 10 张图片。ORL2 数据集也包含 40 人的 400 张灰度人脸图片，每张图片的像素为 64×64，每人 10 张图片。这些人脸图片表情丰富，包括微笑、沉默、睁眼、闭眼、带眼镜、不带眼镜等多种表情。

ORL 人脸识别数据库的部分灰度人脸图片如图 3.4 所示。

图 3.4　ORL 灰度人脸数据库

USPS 手写体识别数据库存有 11000 张手写数字 0~9 的灰度图片。从数字 0 到 9，共 10 个数字，每张图片的像素为 16×16，每一个数字为 1 类，共 10 类，每类 1100 个样本点。

USPS 的部分样本图片如图 3.5 所示。

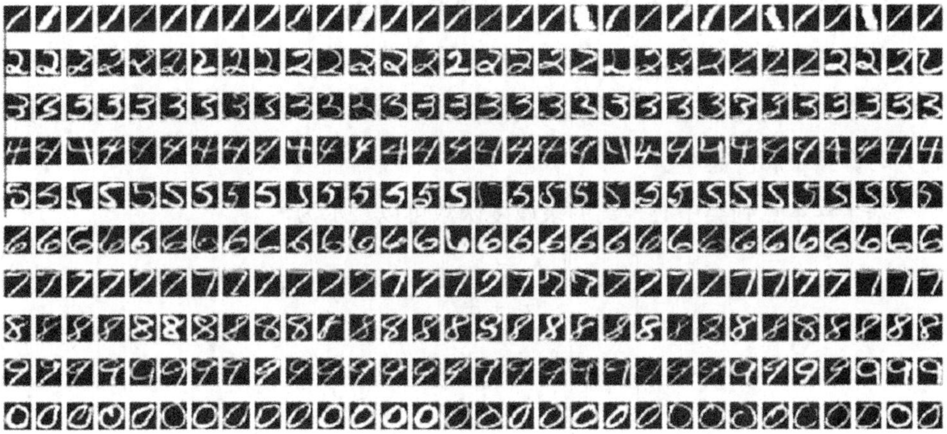

图 3.5　USPS 手写体识别数据库

2. 向量型数据集

为了分析 FPSTM 模型同样适用于向量型数据集，本书从 UCI 公开数据集中选用了以下五个数据库：Wine、Iris、Lung cancer、Heart disease、Sonar。

首先简单介绍一下数据集。Wine 数据集包含三类样本点，共计 178 个样本点，每个样本点具有 13 个属性。Iris 数据集也是包含三类样本点，共计 150 个样本点，每个样本点有 4 个属性。Lung cancer 数据集同样是包含三类样本点，共计 32 个样本点，每个样本点具有的 56 个属性。Heart disease 数据集包含 150 个样本点，样本点分为两类，每个样本点的有 4 个属性。Sonar 数据集包含 208 个样本点，样本点同样分为两类，每个样本点的有 60 个属性。对于以上包含三类样本点的多分类数据集，我们随机选择其中两类分别作为正类和负类进行数值实验。

3.3.2　模糊隶属度的选择

在张量空间，目前模糊支持张量机理论和应用研究尚处于起步阶段。文献［67］中提出利用样本点到类中心距离的线性函数定义模糊隶属度。文献［68］基于张量输入空间，提出一种基于样本到估计分类超平面距离的隶属度计算方法。这种隶属度函数的计算，改进了基于样本点到类中心距离的线性函数表示方法，一定程度上，提高了模糊支持张量机的分类效果。

1. 基于样本点到类中心距离的模糊隶属度函数

基于样本点到类中心距离定义模糊隶属度函数的基本思想：当样本点距离该类样本中心距离越小时，其隶属度越大；反之，当样本点距离该类样本中心距离越大时，其隶属度越小。

基于样本点到类中心距离的隶属度函数可以表示为

$$s_i = \begin{cases} 1 - \dfrac{\| X_i - X_1 \|_F}{r_+ + \delta}, & if\ y_i = +1 \\[3mm] 1 - \dfrac{\| X_i - X_2 \|_F}{r^- + \delta} & if\ y_i = -1 \end{cases} \tag{3-40}$$

其中，$\delta > 0$，$r_+ = \max\limits_{\{X_i:\ y_i = +1\}} \| X_i - X_1 \|_F$，$r_- = \max\limits_{\{X_i:\ y_i = -1\}} \| X_i - X_2 \|_F$，$X_1$，$X_2$ 分别表示正类点和负类点中心。

2. 基于样本点到分类超平面距离的隶属度函数

2010 年，Batuwita 等提出了基于样本点到估计超平面距离的隶属度函数。其核心思想是：假设存在能够覆盖两类样本的极小闭包，并且假定最优分类超平面经过这个极小闭包的中心，这样，采用样本点到极小闭包的中心估计样本点到最优超平面的距离[68]。

给定训练集：

$$X = \{(X_1, y_1, s_1), \cdots, (X_l, y_l, s_l)\} \in (\mathbb{R}^{I_1} \otimes \mathbb{R}^{I_2} \times \mathbb{Y} \times s)^l \tag{3-41}$$

模糊隶属度函数定义为

$$s_i = 1 - \frac{\| X_i - M \|}{r + \delta} \tag{3-42}$$

其中，$\delta > 0$，$r = \max\limits_{\{X_i:\ y_i = 1,\ -1\}} \| X_i - M \|$。

3. 基于支持张量数据描述的隶属度函数

鉴于在实际问题中，样本点的隶属度函数往往不是简单的样本点到类中心距离的线性函数，因此，以上两种方法对于孤立点和噪声有时候不能有效区分，而是把孤立点和噪声赋予同样的隶属度。本书把 FSVM 中基于样本紧密度的模糊隶属度函数推广到张量空间。

给定训练集 $T = \{(X_1, y_1), \cdots, (X_l, y_l)\} \in (\mathbb{R}^{n_1} \otimes \mathbb{R}^{n_2} \times \mathbb{Y})^l$。其中，$X_i \in \mathbb{R}^{n_1} \otimes \mathbb{R}^{n_2}$ 是输入，$y_i \in \{+1, -1\}$ 是类别标签。

假设 R 表示超球的半径，X_0 是二阶张量空间超球的球心。基于二阶张量的线性支持张量数据描述模型可以表示为如下优化问题：

$$
\min_{u,\ v,\ R,\ \eta} \quad R^2 + C \sum_{i=1}^{l} s^i \eta^i
$$

$$
\text{s. t.} \quad \| X_i - X_0 \|_F^2 \leq R^2 + \eta_i \tag{3-43}
$$

$$
\eta_i \geq 0, \quad i = 1, \cdots, l
$$

其中，$C > 0$ 为惩罚参数，用来调节超球的大小和超球外部样本点的个数。通过求解式的对偶问题，得到计算隶属度的公式：

$$
s_i = \begin{cases} 0.6 \times \left(\dfrac{1 - \dfrac{d(X_i)}{R}}{1 - \dfrac{d(X_i)}{R}} \right) + 0.4, & d(X_i) \leq R \\[4mm] 0.4 \times \left(\dfrac{1}{1 + d(X_i) - R} \right), & d(X_i) > R \end{cases} \tag{3-44}
$$

其中，$d(X_i) = \| X_i - X_0 \|_F$ 表示样本点到超球球心的距离，$i = 1, \cdots, l$。由式 (3-44) 可以看出，在超球内部样本点的隶属度大于超球外部的隶属度，越靠近球心，样本的隶属度越大。通常情况下，孤立点或噪声点位于超球的外部，因此，该隶属度函数可以有效地区分正常点和噪声点，提高学习模型的分类能力。

在采用模糊支持张量机处理分类问题时，如何设计合理的模糊隶属度函数，是整个算法的关键环节。所以，这就要求隶属度函数必须能客观、准确地反映数据集中样本存在的不确定性。如果隶属度设置不合理，那么有可能模糊支持张量机模型的推广能力比原始的支持张量机都差。目前，构造隶属度函数的方法很多，但还没有一个可遵循的一般性准则。在对实际情况进行处理时，通常需要针对具体问题，根据经验来对隶属度函数进行合理的设计。一般情况下，基本原则以样本所在类中的相对重要程度进行设计。本书的数值实验部分，均采用基于支持张量数据描述的模糊隶属度函数。

3.3.3　数值实验结果

本节的数值实验均在 Windows 7 的个人电脑［Inter Core（TM）3 处理器（2.9GHz），内存 2G］的 MATLAB 2010a 的软件下实现的。对于每一次二分类实验，每类随机选取 p 个样本点，共随机选取 $2p$ 个点作为训练集，剩余的点作为测试点，对每一次实验重复 10 次，取这 10 次的平均值作为最终的分类精度。而且，对于选取数值实验的参数 C，都是通过十折交叉检验，从 $\{2^i \mid i = -5, \cdots, 4\}$ 中选取。同时，文章这些学习模型所用的都是线性核函数 $K(x, x_i) = x^{\mathrm{T}} x_i$。

1. 对 ORL 数据集的实验结果分析

我们采用两个 ORL 数据库中的灰度图片，因每张图片的像素为 32×32 或 64×64，因此该数据库中的每一张图片都可以用一个矩阵（二阶张量）表示。对于 ORL 数据集，因为是 40 张人脸图片，所以在实验之前，首先随机选取两个人的 20 张图片进行二分类预测。模糊中心支持张量机的实验结果如表 3.1、图 3.6 和图 3.7 所示。

表 3.1　FPSTM、FPSVM 和 PSTM 在 ORL 上的分类精度　　　　单位:%

数据集	算法	每类训练点的个数 p				
		1	2	3	4	5
ORL 32×32	PSTM	85. 3	87. 6	91. 7	96. 0	97. 3
	FPSVM	81. 2	89. 9	93. 6	94. 9	95. 8
	FPSTM	85. 8	90. 9	92. 8	93. 8	94. 1
ORL 64×64	PSTM	83. 2	89. 1	91. 1	94. 4	96. 9
	FPSVM	84. 1	91. 2	93. 7	94. 3	95. 9
	FPSTM	85. 6	91. 9	94. 1	94. 4	95. 0

从表 3.1 我们发现，对于 ORL 数据库中图片的分类精度，在训练样本比较少的时候，FPSTM 的算法优势比较明显，其性能明显要优于 PSTM 和 FPSVM，当每一类训练样本点数为 1 的时候，FPSTM 和 FPSVM 的分类精度最大差为 4.6%，但是随着训练样本个数的增加，FPSTM 的优势减弱。由此可以说明，在小样本分类问题上，FPSTM 的算法优势明显；在训练样本十分充足的情况下，三种分类方法分类精度接近。

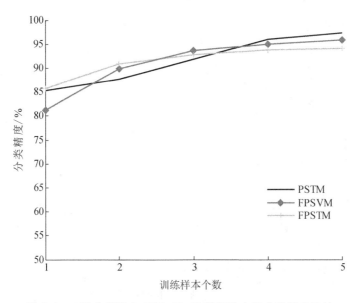

图 3.6　三种分类器在 ORL 32×32 数据集上的分类精度比较

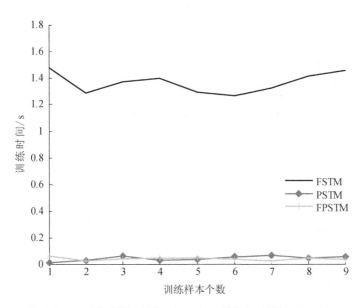

图 3.7　三种分类器在 ORL 32×32 数据集上的训练时间比较

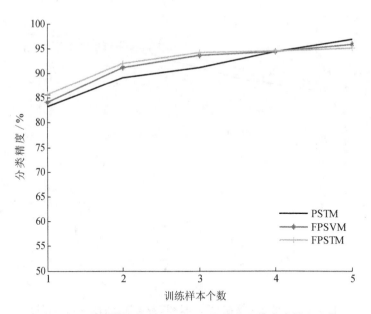

图 3.8　三种分类器在 ORL 64×64 数据集上的分类精度比较

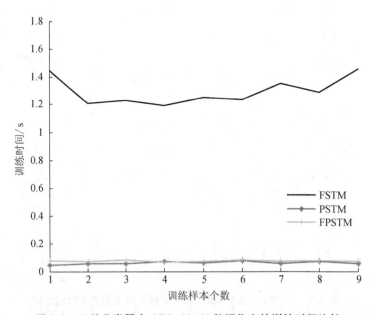

图 3.9　三种分类器在 ORL 64×64 数据集上的训练时间比较

图 3.6~图 3.9 中，针对 ORL 32 × 32 和 ORL 64 × 64 数据集，我们对比了 PSTM、FPSTM 和 FSTM 三种方法，从中不难发现，FPSTM 的计算时间比 FSTM 具有较大的优势，其原因在于，FSTM 求解的是一系列二次规划问题，而 PSTM 和 FPSTM 求解的是一系列线性方程组，这样就大大节省了时间。

2. 对 USPS 数据集的实验结果分析

USPS 数据库中的图片都是灰度图片，且每张图片的像素为 16 × 16，因此，该数据库中的每一张图片都可以用一个 16 × 16 的矩阵（二阶张量）表示。在数值实验中，我们把 0~9 这 10 个数字分成 5 组，每一组进行二分类预测。这 5 组分别是 0 和 8，4 和 7，6 和 9，2 和 5、1 和 3，分别记为：0V8、4V7、6V9、2V5、1V3。对于每一组实验，当训练点个数 p 不同时，模糊中心支持张量机的分类精度比较结果如表 3.2 所示。

表 3.2　PSTM 和 FPSTM 在 USPS 上的分类精度　　单位:%

训练样本数 p	算法	0V8	4V7	6V9	2V5	1V3
$p = 10$	PSTM	64.06	65.51	77.44	65.47	73.59
	FPSTM	69.12	69.77	78.48	70.01	74.49
$p = 20$	PSTM	72.19	67.98	82.90	68.23	73.79
	FPSTM	72.76	69.29	83.02	70.76	74.81

从表 3.2 可以看出，对于 USPS 数据库中的图片的分类精度，在训练样本比较少的时候，当训练样本数 $p = 10$ 的时候，对于 0V8 这一组数据，FPSTM 的算法优势比较明显，FPSTM 和 PSTM 的分类精度差距最大值是 5.06%；当样本点增加到 $p = 20$ 的时候，其分类精度的差距减小为 0.57%；对于其他几组数据而言，分类精度随着样本点增大，FPSTM 的优势逐渐减弱。

3. 关于 K-FPSTM 模型的实验结果分析

在本部分的数值实验中，我们通过两分类实验比较了四种方法的分类精度。这四种方法分别是 FPSVM、秩一模糊中心支持张量机（R1-FLSSTM）和基于张量核函数的模糊中心支持张量机（K-FPSTM）。在 R1-FPSTM 中，终止规则中的参数 $\varepsilon = 10^{-3}$，在核函数 $u_1^T K(X, Y) u_1$ 中，取 $K(X, Y) = X^T Y$，即 $\Phi(X) = X$，取 u_1 为全 1 向量。分类精度的结果如表 3.3 示。

表 3.3　FPSVM、R1-FPSTM 和 K-FPSTM 在 ORL 数据集的分类精度　　单位:%

数据集	算法	每类训练样本数 p				
		1	2	3	4	5
ORL 32×32	FPSVM	81.2	89.9	93.6	94.9	95.8
	R1-FPSTM	85.8	90.9	92.8	93.8	94.1
	K-FPSTM	87.1	92.8	94.8	95.3	97.8
ORL 64×64	FPSVM	84.1	91.2	93.7	94.3	95.9
	R1-FPSTM	85.6	91.9	94.1	94.4	95.0
	K-FPSTM	87.2	92.1	94.5	95.8	96.8

从表 3.3 和图 3.10、图 3.11 中的实验结果可以看出，K-FPSTM 算法在多数情况下，分类效果比其他算法具有明显的优势，特别是当训练样本点较少的时候，其泛化能力比较突出。

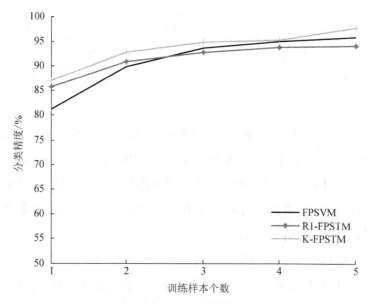

图 3.10　三种分类器在 ORL32×32 数据集上的分类精度比较

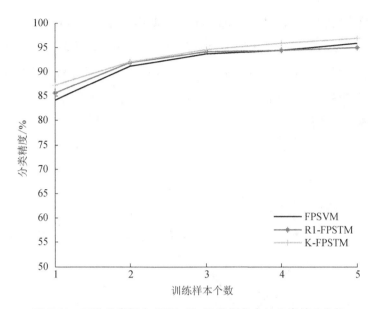

图 3.11　三种分类器在 ORL 64×64 数据集上的分类精度比较

4. 对向量型数据集的实验结果

本部分实验中，我们讨论张量尺寸大小的转化问题，因为张量的学习模型处理向量型数据时，首先要做的就是讨论向量转为张量的尺寸大小，也就是说，将向量型数据转化成张量型数据，会面临一个共同的问题：同一个向量可以转化成不同规模的张量，应该选择哪种规模的张量。

下面我们通过一组数值实验来说明选择不同规模的张量对分类效果的影响。考虑 Iris 数据集的属性，其转化成矩阵形式唯一，因此，本组实验我们选择 Lung cancer、Heart disease 和 Sonar 这几个数据集进行分析，这几个数据集中的样本被转换成矩阵的规模如表 3.4 所示。

表 3.4　数据的转换规模

数据集	样本属性	矩阵化规模
Lung cancer	56	7×8, 8×7, 4×14, 14×4, 2×28, 28×2
Heart disease	13	2×7, 7×2
Sonar	60	2×30, 30×2, 3×20, 20×3, 4×15, 15×4 5×12, 12×5, 6×10, 10×6

通过数值实验发现，对于 Lung cancer 数据集而言，当矩阵化的张量为 7×8 时，分类精度较高；当矩阵化的张量为 28×2 时，分类精度较差，其他大小的分类效果基本相当。对于 Heart disease 数据集而言，2×7 对应的分类效果明显优于 7×2 的分类效果，而且相对于 p 而言，2×7 的鲁棒性也要优于 7×2。具体的分类精度如图 3.12 所示。

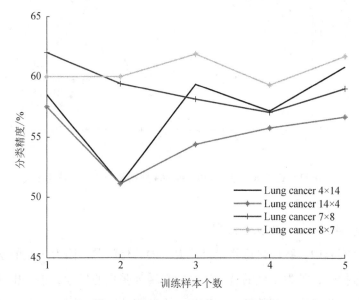

图 3.12 不同矩阵规模下的分类精度

通过上述数值实验能够看出，矩阵化规模的选择不同，会直接影响到最终的分类精度。符合什么标准的矩阵化规模是比较理想的？这个问题目前还无法得到解决，但用基于张量的机器学习方法来处理向量数据显然已经成为了一种新的方法。我们采用把向量进行近似等长截断，然后将截断所得的向量作为矩阵的行向量。详细信息如下表 3.5。

表 3.5 数据集介绍

数据集	类别数	样本总数	属性	样本规模
Wine	3	178	13	4×4
Iris	3	150	4	2×2

续表

数据集	类别数	样本总数	属性	样本规模
Lung cancer	3	32	56	7×8
Heart disease	2	150	4	2×2
Sonar	2	208	60	8×8

在本部分数值实验中，对于每一个数据集，随机选择 6 个样本点作为训练集，剩下的作为测试集。对于每一个测试，用 10 次随机实验的平均值表示最终的测试结果。表 3.6 列出了 FPSTM 在向量型数据集的分类结果。

表 3.6　FPSTM、FPSVM 和 PSTM 在向量型数据集上的分类精度　　　　单位:%

数据集	矩阵规模	分类方法		
		PSTM	FPSVM	FPSTM
Wine	4×4	86.9	87.5	88.6
Iris	2×2	96.0	95.3	94.1
Lung cancer	7×8	85.3	85.8	86.0
Heart disease	2×2	85.6	86.1	85.9
Sonar	8×8	61.7	66.2	67.5

通过分析表 3.6，我们容易发现 FPSTM 在这五组向量型数据上，有三组的优势比较明显，他们是 Wine、Lung cancer、Sonar 数据集，在其他数据集上效果欠佳，但是与最优的分类模型比较差距并不是很大。由此我们可以看出，本书提出的 FPSTM 模型不仅可以解决张量型数据分类问题，也可以解决部分向量型数据分类问题。

3.4　本章小结

本章是本书的第一个核心章节。首先，基于张量表示的数据集，为了保持张量的结构信息，提高张量数据分类器的泛化能力，结合对已存在的张量学习模型的分析，我们提出了 FPSTM 和基于张量核函数的模糊中心支持张量机。其次，

FPSTM 模型的求解采用了交替迭代算法，通过求解一系列线性方程组，得到优化模型的最优解。再次，计算时间和计算复杂度上，比传统的 R1-STM 具有明显优势。基于张量核函数的模糊中心支持张量机，计算过程只有一步，计算过程避免了交替迭代的过程。最后，数值实验部分也验证了模型的有效性。

第4章　模糊限定双子支持张量机模型及算法

在处理分类问题时，双子支持张量机计算速度远超过支持张量机，而且推广能力较好。鉴于张量数据存在噪声点或边界点，本章考虑不同的输入样本点可能会对分类超平面的形成产生不同影响，结合模糊支持向量机在解决分类问题的出色表现，将模糊隶属度函数应用到限定双子支持张量机的学习模型，提出线性模糊限定双子支持张量机（Linear Fuzzy Twin Bounded Support Tensor Machines，FT-BSTM）。对于非线性可分问题，通过引入非线性映射，构建在 Hilbert 空间的决策超平面，提出了一种基于张量核函数的模糊限定双子支持张量机（Kernel based Linear Fuzzy Twin Bounded Support Tensor Machines，K-FTBSTM）。

4.1　线性模糊限定双子支持张量机

和秩一支持张量机[26]类似，针对二分类问题，本部分给出秩一模糊限定双子支持张量机的模型及算法。

4.1.1　模型建立

对于线性分类问题，给定训练集：

$$T = \{(X_1^+, +1, s_1^+), \cdots, (X_p^+, +1, s_p^+), (X_1^-, -1, s_1^-), \cdots, (X_q^-, -1, s_q^-)\}$$

其中，输入 $X_i^+ \in \mathbb{R}^{n_1} \otimes \mathbb{R}^{n_2}$ 为二阶张量（ $i=1, 2, \cdots, p$ ），$X_j^- \in \mathbb{R}^{n_1} \otimes \mathbb{R}^{n_2}$ 为二阶张量（ $j=1, 2, \cdots, q$ ），$\{-1, +1\}$ 为类别标签，$s_i^+ \in [0, 1]$ 是输入 X_i^+ 属于 $+1$ 类的模糊隶属度（ $i=1, 2, \cdots, p$ ），$s_j^- \in [0, 1]$ 是输入 X_j^- 属于 -1 类的模糊隶属度（ $j=1, \cdots, q$ ）。

与限定双子支持张量机类似，要求每一个超平面离一类点尽可能近而离另一类尽可能远，模糊限定双子支持张量机也将首先寻求一对非平行超平面：

$$f_1(X) = u_1^{\mathrm{T}} X v_1 + b_1 = 0, \quad f_2(X) = u_2^{\mathrm{T}} X v_2 + b_2 = 0 \tag{4-1}$$

为了得到上述两个超平面，考虑经验风险最小化和结构风险最小化，模糊限定双子支持张量机通过求解两个规模较小的凸二次规划问题。FTBSTM 的优化模型如下：

（R1-FTBSTM1）

$$\min_{u_1,v_1,b_1,\eta} \frac{1}{2}C_3(\parallel u_1 v_1^T \parallel_F^2 + b_1^2) + \frac{1}{2}\sum_{i=1}^{p}(u_1^T X_i^+ v_1 + b_1)^2 + C_1\sum_{j=1}^{q}s_j^-\xi_{2j} \quad (4-2)$$

$$\text{s. t.} \quad -(u_1^T X_j^- v_1 + b_1) + \xi_{2j} \geq 1, \xi_{2j} \geq 0, j = 1,\cdots,q$$

（R1-FTBSTM2）

$$\min_{u_2,v_2,b_2,\xi} \frac{1}{2}C_4(\parallel u_2 v_2^T \parallel_F^2 + b_2^2) + \frac{1}{2}\sum_{j=1}^{q}(u_2^T X_j^- v_2 + b_2)^2 + C_2\sum_{i=1}^{p}s_i^+\xi_{1i} \quad (4-3)$$

$$\text{s. t.} (u_2^T X_i^+ v_2 + b_2) + \xi_{1i} \geq 1, \xi_{1i} \geq 0, i = 1,\cdots,p$$

其中，C_1，C_2，C_3，$C_4 > 0$ 为调节参数，ξ_{2i}，η_{2j} 为松弛变量。

为了求解优化问题 R1-FTBSTM1，由最优化理论，我们在式（4-2）首先引入拉格朗日乘子 $\alpha_{1j} \geq 0$，$\beta_{1j} \geq 0$ 并构造拉格朗日函数：

$$L(u_1,v_1,b_1,\xi_2,\alpha_1,\beta_1) = \frac{1}{2}C_3(\parallel u_1 v_1^T \parallel_F^2 + b_1^2) + \frac{1}{2}\sum_{i=1}^{p}(u_1^T X_i^+ v_1 + b_1)^2 +$$

$$C_1\sum_{j=1}^{q}s_j^-\xi_{2j} + \sum_{j=1}^{q}\alpha_{1j}(u_1^T X_j^- v_1 + b_1 + 1 - \xi_{2j}) -$$

$$\sum_{j=1}^{q}\beta_{1j}\xi_{2j} \quad (4-4)$$

根据最优化理论 KKT 条件，分别对 u_1，v_1，b_1，ξ_2 求偏导，得到

$$C_3(v_1^T v_1)u_1 + \sum_{i=1}^{p}(X_i^+ v_1)(X_i^+ v_1)^T u_1 + b_1\sum_{i=1}^{p}X_i^+ v_1 + \sum_{j=1}^{q}\alpha_{1j}X_j^- v_1 = 0 \quad (4-5)$$

$$C_3(u_1^T u_1)v_1 + \sum_{i=1}^{p}((X_i^+)^T u_1)((X_i^+)^T u_1)^T v_1 +$$

$$b_1\sum_{i=1}^{p}(X_i^+)^T u_1 + \sum_{j=1}^{q}\alpha_{1j}(X_j^-)^T u_1 = 0 \quad (4-6)$$

$$C_3 b_1 + \sum_{i=1}^{p}u_1^T X_i^+ v_1 + pb_1 + \sum_{j=1}^{q}\alpha_{1j} = 0 \quad (4-7)$$

$$C_1 s_j^- - \alpha_{1j} - \beta_{1j} = 0, j = 1, 2, \cdots, q \quad (4-8)$$

由式（4-5）、式（4-6）整理可以得到

$$u_1 = - \left(C_3(v_1^T v_1) I + \sum_{i=1}^{p} (X_i^+ v_1)(X_i^+ v_1)^T + b_1 \right)^{-1}$$

$$\left(b_1 \sum_{i=1}^{p} X_i^+ v_1 + \sum_{j=1}^{q} \alpha_{1j} X_j^- v_1 \right) \tag{4-9}$$

$$v_1 = - \left(C_3(u_1^T u_1) I + \sum_{i=1}^{p} ((X_i^+)^T u_1)((X_i^+)^T u_1)^T v_1) \right)^{-1}$$

$$\left(b_1 \sum_{i=1}^{p} (X_i^+)^T u_1 + \sum_{j=1}^{q} \alpha_{1j} (X_j^-)^T u_1 \right) \tag{4-10}$$

从上式发现，u_1 和 v_1 相互依赖，类似于模糊限定双子支持向量机的方法无法求出最优解，借鉴支持张量机的解法，我们采用交替投影迭代算法。

首先，初始化 u_1 和 u_2，令 $x_i = (X_i^+)^T u_1$，$x_j = (X_j^-)^T u_2$，则 $A \in R^{n_2 \times p}$，$B \in R^{n_2 \times q}$。于是 FTBSTM 的优化问题可以表示为

（R1-FTBSTM1）

$$\min_{v_1, b_1, \xi_2} \quad \frac{1}{2} C_3((v_1^T v_1)(u_1^T u_1) + b_1^2) + \frac{1}{2} (A_1^T v_1 + e_1 b_1)^T$$

$$(A_1^T v_1 + e_1 b_1) + C_1 S_-^T \xi_2 \tag{4-11}$$

$$\text{s. t.} \quad - (B_1^T v_1 + e_2 b_1) + \xi_2 \geqslant e_2, \ \xi_2 \geqslant 0$$

（R1-FTBSTM2）

$$\min_{v_2, b_2, \xi_1} \quad \frac{1}{2} C_4((v_2^T v_2)(u_2^T u_2) + b_2^2) + \frac{1}{2} (B_1^T v_2 + e_2 b_2)^T$$

$$(B_1^T v_2 + e_2 b_2) + C_2 S_+^T \xi_1 \tag{4-12}$$

$$\text{s. t.} \quad (A_1^T v_2 + e_1 b_2) + \xi_1 \geqslant e_1, \ \xi_1 \geqslant 0$$

为了求解优化问题（4-11），我们引入拉格朗日乘子 α_1，β_1，构造拉格朗日函数：

$$L(v_1, \ b_1, \ \xi_2, \ \alpha_1, \ \beta_1) = \frac{1}{2} C_3((v_1^T v_1)(u_1^T u_1) + b_1^2) + \frac{1}{2} (A_1^T v_1 + e_1 b_1)^T$$

$$(A_1^T v_1 + e_1 b_1) + C_1 S_-^T \xi_2 + \alpha_1^T (B_1^T v_1 + e_2 b_1 - \xi_2 + e_2) -$$

$$\beta_1^T \xi_2 \tag{4-13}$$

根据最优化理论 KKT 条件，分别对 v_1，b_1，ξ_2 求偏导，得到

$$C_3(u_1^T u_1) v_1 + A_1(A_1^T v_1 + e_1 b_1) + B_1 \alpha_1 = 0 \tag{4-14}$$

$$C_3 b_1 + e_1^T(A_1^T v_1 + e_1 b_1) + e_2^T \alpha_1 = 0 \tag{4-15}$$

$$C_1 S_- - \alpha_1 - \beta_1 = 0 \tag{4-16}$$

式（4-15）和式（4-16）可以整理为

$$\left(\begin{pmatrix} A_1 \\ e_1^T \end{pmatrix} (A_1^T, \ e_1) + C_3 P \right) \begin{pmatrix} v_1 \\ b_1 \end{pmatrix} + \begin{pmatrix} B_1 \\ e_2^T \end{pmatrix} \alpha_1 = 0 \tag{4-17}$$

其中，$P = \begin{pmatrix} u_1^T u_1 I_{n_2} & 0 \\ 0 & 1 \end{pmatrix}$，令 $H = (A_1^T, \ e_1)$，$G = (B_1^T, \ e_2)$，则上式可以写成：

$$\begin{pmatrix} v_1 \\ b_1 \end{pmatrix} = - (H^T H + C_3 P)^{-1} G^T \alpha_1 \tag{4-18}$$

然后把式（4-18）代入到拉格朗日函数里，优化问题 R1-FTBSTM1 的对偶问题为

（R1-DFTBSTM1）

$$\max_{\alpha_1} \quad e_2^T \alpha_1 - \frac{1}{2} \alpha_1^T G (H^T H + C_3 P)^{-1} G^T \alpha_1 \tag{4-19}$$

$$\text{s. t.} \quad 0 \leqslant \alpha_1 \leqslant C_1 S_-$$

类似于上述推导过程，可以得到优化问题 R1-FTBSTM2 的对偶问题为

（R1-DFTBSTM2）

$$\max_{\alpha_2} \quad e_1^T \alpha_2 - \frac{1}{2} \alpha_2^T H (G^T G + C_4 Q)^{-1} H^T \alpha_2 \tag{4-20}$$

$$\text{s. t.} \quad 0 \leqslant \alpha_2 \leqslant C_2 S_+$$

超松弛算法已经被成功应用到 SVM[105-107]，与求解 QPP 问题的其他方法比较，在每一次迭代过程中，超松弛算法只计算一个变量，该算法线性收敛，在加快了计算速度的同时，还减少了存储量[108]。鉴于以上优点，我们采用超松弛迭代算法计算 R1-DFTBSTM1 和 R1-DFTBSTM2，求解得到 v_1，v_2。

令 $\tilde{x}_i = X_i^+ v_1$，$\tilde{x}_j = (X_j^-)^T v_2$，则 $\tilde{A} \in R^{n_1 \times p}$，$\tilde{B} \in R^{n_1 \times q}$。于是 FTBSTM 的优化问题可以表示为

（R1-FTBSTM1）

$$\min_{u_1,\,b_1,\,\xi_2} \quad \frac{1}{2}C_3((v_1^\mathrm{T}v_1)(u_1^\mathrm{T}u_1)+b_1^2)+\frac{1}{2}(\tilde{A}_1^\mathrm{T}u_1+e_1b_1)^\mathrm{T}$$

$$(\tilde{A}_1^\mathrm{T}u_1+e_1b_1)+C_1S_-^\mathrm{T}\xi_2 \tag{4-21}$$

$$\text{s. t.} \quad -(\tilde{B}_1^\mathrm{T}u_1+e_2b_1)+\xi_2\geqslant e_2,\ \xi_2\geqslant 0$$

（R1-FTBSTM2）

$$\min_{u_2,\,b_2,\,\xi_1} \quad \frac{1}{2}C_4((v_2^\mathrm{T}v_2)(u_2^\mathrm{T}u_2)+b_2^2)+\frac{1}{2}(\tilde{B}_1^\mathrm{T}u_2+e_2b_2)^\mathrm{T}$$

$$(\tilde{B}_1^\mathrm{T}u_2+e_2b_2)+C_2S_+^\mathrm{T}\xi_1 \tag{4-22}$$

$$\text{s. t.} \quad (\tilde{A}_1^\mathrm{T}u_2+e_1b_2)+\xi_1\geqslant e_1,\ \xi_1\geqslant 0$$

为了求解优化问题（4-21），我们引入拉格朗日乘子 η_1，γ_1，构造拉格朗日函数：

$$L(v_1,\ b_1,\ \xi_2,\ \eta_1,\ \gamma_1)=\frac{1}{2}C_3((v_1^\mathrm{T}v_1)(u_1^\mathrm{T}u_1)+b_1^2)+\frac{1}{2}(\tilde{A}_1^\mathrm{T}u_1+e_1b_1)^\mathrm{T}$$

$$(\tilde{A}_1^\mathrm{T}u_1+e_1b_1)+C_1S_-^\mathrm{T}\xi_2+\eta_1^\mathrm{T}(\tilde{B}_1^\mathrm{T}v_1+e_2b_1-\xi_2+e_2)$$

$$-\gamma_1^\mathrm{T}\xi_2 \tag{4-23}$$

根据最优化理论 KKT 条件，分别对 u_1，b_1，ξ_2 求偏导，得到

$$C_3(v_1^\mathrm{T}v_1)u_1+\tilde{A}_1(\tilde{A}_1^\mathrm{T}u_1+e_1b_1)+\tilde{B}_1\eta_1=0 \tag{4-24}$$

$$C_3b_1+e_1^\mathrm{T}(\tilde{A}_1^\mathrm{T}v_1+e_1b_1)+e_2^\mathrm{T}\eta_1=0 \tag{4-25}$$

$$C_1S_--\eta_1-\gamma_1=0 \tag{4-26}$$

上式可以整理为

$$\left(\begin{pmatrix}\tilde{A}_1\\e_1^\mathrm{T}\end{pmatrix}(\tilde{A}_1^\mathrm{T},\ e_1)+C_3P\right)\begin{pmatrix}u_1\\b_1\end{pmatrix}+\begin{pmatrix}\tilde{B}_1\\e_2^\mathrm{T}\end{pmatrix}\eta_1=0 \tag{4-27}$$

其中，$\tilde{P}=\begin{pmatrix}v_1^\mathrm{T}v_1 I_{n_1} & 0\\0 & 1\end{pmatrix}$，令 $\tilde{H}=(\tilde{A}_1^\mathrm{T},\ e_1)$，$\tilde{G}=(\tilde{B}_1^\mathrm{T},\ e_2)$，则上式可以写成：

$$\begin{pmatrix}u_1\\b_1\end{pmatrix}=-(\tilde{H}^\mathrm{T}\tilde{H}+C_3\tilde{P})^{-1}\tilde{G}^\mathrm{T}\eta_1 \tag{4-28}$$

然后把式（4-18）代入到拉格朗日函数里，优化问题 R1-FTBSTM1 的对偶问题为

（R1-DFTBSTM1）

$$\max_{\eta_1} \quad e_2^T \eta_1 - \frac{1}{2} \eta_1^T \tilde{G} (\tilde{H}^T \tilde{H} + C_3 \tilde{P})^{-1} \tilde{G}^T \eta_1 \qquad (4-29)$$

$$\text{s. t.} \quad 0 \leqslant \eta_1 \leqslant C_1 S_-$$

类似上述的求解过程，可以得到优化问题 R1-FTBSTM2 的对偶问题为

（R1-DFTBSTM2）

$$\max_{\eta_2} \quad e_1^T \eta_2 - \frac{1}{2} \eta_2^T \tilde{H} (\tilde{G}^T \tilde{G} + C_4 \tilde{Q})^{-1} \tilde{H}^T \eta_2 \qquad (4-30)$$

$$\text{s. t.} \quad 0 \leqslant \eta_2 \leqslant C_2 S_+$$

通过计算式（4-29）、式（4-30）得 u_1，u_2。通过以上讨论，我们可以发现 u_i，v_i，b_i（$i=1$，2）可以通过交替求解式（4-19）、式（4-20）和式（4-29）、式（4-30）得到。

这样就可以求出非平行超平面 $f_1(\mathrm{X}) = u_1^T X v_1 + b_1 = 0$，$f_2(\mathrm{X}) = u_2^T X v_2 + b_2 = 0$ 的具体形式，然后就可以得到 FTBSTM 的决策函数，形式如下：

$$\text{Class} i = \arg \min_{k=1, 2} \frac{|u_k^T X v_k + b_k|}{\| u_k v_k^T \|_F} \qquad (4-31)$$

4.1.2 算法

第一步：输入数据集：$T = \{(\mathrm{X}_1^+, +1, s_1^+), \cdots, (\mathrm{X}_p^+, +1, s_p^+), (\mathrm{X}_1^-, -1, s_1^-), \cdots, (\mathrm{X}_q^-, -1, s_q^-)\}$，为 u_1，u_2 赋初值，$u_1 = u_2 = (1, \cdots, 1)^T$，选取参数 C_1，C_2，C_3，$C_4 > 0$，$\varepsilon > 0$；

第二步：计算 v_1，v_2，v_1，v_2 的求解通过计算如下凸二次规划问题：

（R1-DFTBSTM1）

$$\max_{\alpha_1} \quad e_2^T \alpha_1 - \frac{1}{2} \alpha_1^T G (H^T H + C_3 P)^{-1} G^T \alpha_1$$

$$\text{s. t.} \quad 0 \leqslant \alpha_1 \leqslant C_1 S_-$$

（R1-DFTBSTM2）

$$\max_{\alpha_2} \quad e_1^T \alpha_2 - \frac{1}{2} \alpha_2^T H (G^T G + C_4 Q)^{-1} H^T \alpha_2$$

$$\text{s. t.} \quad 0 \leqslant \alpha_2 \leqslant C_2 S_+$$

第三步：计算 u_1, u_2, u_1, u_2 的求解通过计算如下凸二次规划问题：

（R1-DFTBSTM1）

$$\max_{\eta_1} \quad e_2^{\mathrm{T}} \eta_1 - \frac{1}{2} \eta_1^{\mathrm{T}} \tilde{G} (\tilde{H}^{\mathrm{T}} \tilde{H} + C_3 \tilde{P})^{-1} \tilde{G}^{\mathrm{T}} \eta_1$$

$$\text{s.t.} \quad 0 \leqslant \eta_1 \leqslant C_1 S_-$$

（R1-DFTBSTM2）

$$\max_{\eta_2} \quad e_1^{\mathrm{T}} \eta_2 - \frac{1}{2} \eta_2^{\mathrm{T}} \tilde{H} (\tilde{G}^{\mathrm{T}} \tilde{G} + C_4 \tilde{Q})^{-1} \tilde{H}^{\mathrm{T}} \eta_2$$

$$\text{s.t.} \quad 0 \leqslant \eta_2 \leqslant C_2 S_+$$

第四步：交替迭代计算 u_i 和 v_i（其中 $i = 1, 2$）：交替进行第二步和第三步，当计算结果同时满足以下条件：$\| u_i^{(t)} - u_i^{(t-1)} \| \leqslant \varepsilon$、$\| v_i^{(t)} - v_i^{(t-1)} \| \leqslant \varepsilon$ 和 $\| b_i^{(t)} - b_i^{(t-1)} \| \leqslant \varepsilon$ 时（其中 ε 是一个阈值），迭代停止。这时求得的 u_1^*、v_1^*、u_2^*、v_2^*、b_1^*、b_2^* 作为输出。

4.2　非线性模糊限定双子支持张量机

针对非线性可分的二分类问题，本部分给出基于张量核函数的模糊限定双子支持张量机的模型及算法。

4.2.1　模型建立

对于一个非线性分类问题，给定训练集：

$T = \{(X_1^+, +1, s_1^+), \cdots, (X_p^+, +1, s_p^+), (X_1^-, -1, s_1^-), \cdots, (X_q^-, -1, s_q^-)\}$
其中，输入 $X_i^+ \in \mathbb{R}^{n_1} \otimes \mathbb{R}^{n_2}$ 为二阶张量（$i = 1, 2, \cdots, p$），$X_j^- \in \mathbb{R}^{n_1} \otimes \mathbb{R}^{n_2}$ 为二阶张量（$j = 1, 2, \cdots, q$），$\{-1, +1\}$ 为类别标签，$s_i^+ \in [0, 1]$ 是输入 X_i^+ 属于 $+1$ 类的模糊隶属度（$i = 1, 2, \cdots, p$），$s_j^- \in [0, 1]$ 是输入 X_j^- 属于 -1 类的模糊隶属度（$j = 1, \cdots, q$）。

记 H 为由核函数 $k: \mathbb{R}^{n_1} \otimes \mathbb{R}^{n_2} \to \tilde{\mathbb{R}}$ 和特征映射 $\varphi: \mathbb{R}^{n_1} \to \mathbb{R}^{\infty}$ 再生的 Hilbert 特征空间。

记正类点 $A = (X_1^+, \cdots, X_p^+)$，负类点 $B = (X_1^-, \cdots, X_q^-)$，全部训练点 $C = (X_1^+, \cdots, X_p^+, X_1^-, \cdots, X_q^-)$，对一个二阶张量 $X \in \mathbb{R}^{n_1 \times n_2}$ 进行列分块：$X = (x_1, x_2, \cdots, x_{n_2})$，其中 $x_i \in \mathbb{R}^{n_1}$ 是张量 X 的第 i 列。

$$\varphi(X) = [\varphi(x_1),\ \varphi(x_2),\ \cdots,\ \varphi(x_{n_2})] \in \mathbb{R}^{\infty \times n_2} \qquad (4\text{-}32)$$

对于给定向量 $v \in \mathbb{R}^{n_2}$，矩阵核函数 $k_v: \mathbb{R}^{n_1 \times n_2} \times \mathbb{R}^{n_1 \times n_2} \rightarrow \mathbb{R}$ 定义：

$$k_v(X,\ Z) = \langle \varphi(X)v,\ \varphi(Z)v \rangle = v^{\mathrm{T}} \varphi(X)^{\mathrm{T}} \varphi(Z)v$$
$$= v^{\mathrm{T}} K_{XZ} v,\ \forall X,\ Z \in \mathbb{R}^{n_1 \times n_2} \qquad (4\text{-}33)$$

其中，$K_{XZ} = \varphi(X)^{\mathrm{T}} \varphi(Z) = [\varphi(x_i)^{\mathrm{T}} \varphi(z_j)]_{n_2 \times n_2} = [k(x_i,\ z_j)]_{n_2 \times n_2}$。

与线性 FTBSTM 类似，要求每一个超平面离一类点尽可能近而离另一类尽可能远，非线性模糊限定双子支持张量机也将首先寻求一对非平行超平面：

$$f_1(X) = u_1^{\mathrm{T}} \varphi(X) v_1 + b_1 = 0,\ f_2(X) = u_2^{\mathrm{T}} \varphi(X) v_2 + b_2 = 0 \qquad (4\text{-}34)$$

其中，$u_1,\ u_2 \in \mathbb{R}^{\infty}$，$v_1,\ v_2 \in \mathbb{R}^{n_2}$，$b_1,\ b_2 \in \mathbb{R}$。

为了得到上述两个超平面，考虑经验风险最小化和结构风险最小化，非线性模糊限定双子支持张量机通过求解两个规模较小的凸二次规划问题。K-FTBSTM 的优化模型如下：

（K-FTBSTM1）

$$\min_{u_1,\ v_1,\ b_1,\ \xi_2} \quad \frac{1}{2} C_3 (\| u_1 v_1^{\mathrm{T}} \|_{\mathrm{F}}^2 + b_1^2) + \frac{1}{2} \sum_{i=1}^{p} (u_1^{\mathrm{T}} \varphi(X_i^+) v_1 + b_1)^2 +$$
$$C_1 \sum_{j=1}^{q} s_j^- \xi_{2j} \qquad (4\text{-}35)$$

s. t. $\quad -(u_1^{\mathrm{T}} \varphi(X_j^-) v_1 + b_1) + \xi_{2j} \geqslant 1,\ \xi_{2j} \geqslant 0,\ j = 1,\ \cdots,\ q$

（K-FTBSTM2）

$$\min_{u_2,\ v_2,\ b_2,\ \xi_1} \quad \frac{1}{2} C_4 (\| u_2 v_2^{\mathrm{T}} \|_{\mathrm{F}}^2 + b_2^2) + \frac{1}{2} \sum_{j=1}^{q} (u_2^{\mathrm{T}} \varphi(X_j^-) v_2 + b_2)^2 +$$
$$C_2 \sum_{i=1}^{p} s_i^+ \xi_{1i} \qquad (4\text{-}36)$$

s. t. $\quad (u_2^{\mathrm{T}} \varphi(X_i^+) v_2 + b_2) + \xi_{1i} \geqslant 1,\ \xi_{1i} \geqslant 0,\ i = 1,\ \cdots,\ p$

其中，$C_1,\ C_2,\ C_3,\ C_4 > 0$ 为调节参数，$\xi_{1i},\ \xi_{2j}$ 为松弛变量。由上一节讨论可知，$u_1,\ u_2,\ v_1,\ v_2$ 相互依赖，因此仍然采用交替投影迭代算法。我们首先对 K-FTBSTM1 进行求解。

首先固定 $v_1 \in \mathbb{R}^{n_2}$，令：

$$\varphi_{v_1}(A) = [\varphi(X_1^+) v_1,\ \cdots,\ \varphi(X_p^+) v_1] \in \mathbb{R}^{\infty \times p}$$

$$\varphi_{v_1}(B) = [\varphi(X_1^-) v_1, \cdots, \varphi(X_q^-) v_1] \in \mathbb{R}^{\infty \times q}$$

$$\varphi_{v_1}(C) = [\varphi(X_1^+) v_1, \cdots, \varphi(X_q^-) v_1] \in \mathbb{R}^{\infty \times (p+q)}$$

优化问题（4-35）可以改写为

（K-FTBSTM1）

$$\min_{u_1, b_1, \xi_2} \quad \frac{1}{2} C_3 (\parallel u_1 \parallel^2 \parallel v_1 \parallel^2 + b_1^2) + \frac{1}{2} \parallel \varphi_{v_1}^{\mathrm{T}}(A) u_1 + e_1 b_1 \parallel^2 +$$

$$C_1 S_-^{\mathrm{T}} \xi_2 \tag{4-37}$$

$$\mathrm{s.\,t.} \quad -(\varphi_{v_1}^{\mathrm{T}}(B) u_1 + e_2 b_1) + \xi_2 \geqslant e_2, \ \xi_2 \geqslant 0$$

假设 $u_1 = \varphi_{v_1}(C) \beta_1$，$\beta_1 \in \mathbb{R}^{(p+q)}$，则

$$\varphi_{v_1}^{\mathrm{T}}(A)^{u_1} = \varphi_{v_1}^{\mathrm{T}}(A) \varphi_{v_1}(C) \beta_1 = K_{v_1}(A, C) \beta_1 \tag{4-38}$$

$$\varphi_{v_1}^{\mathrm{T}}(B)^{u_1} = \varphi_{v_1}^{\mathrm{T}}(B) \varphi_{v_1}(C) \beta_1 = K_{v_1}(B, C) \beta_1 \tag{4-39}$$

$$\parallel u_1 \parallel^2 = \beta_1^{\mathrm{T}} \varphi_{v_1}^{\mathrm{T}}(C) \varphi_{v_1}(C) \beta_1 = \beta_1^{\mathrm{T}} K_{v_1}(C, C) \beta_1 \tag{4-40}$$

优化问题（4-37）可以改写为

（K-FTBSTM1）

$$\min_{\beta_1, b_1, \xi_2} \quad \frac{1}{2} C_3 (\parallel v_1 \parallel^2 \beta_1^{\mathrm{T}} K_{v_1}(C, C) \beta_1 + b_1^2) +$$

$$\frac{1}{2} \parallel K_{v_1}(A, C) \beta_1 + e_1 b_1 \parallel^2 + C_1 S_-^{\mathrm{T}} \xi_2 \tag{4-41}$$

$$\mathrm{s.\,t.} \quad -(K_{v_1}(B, C) \beta_1 + e_2 b_1) + \xi_2 \geqslant e_2, \ \xi_2 \geqslant 0$$

为了求解优化问题（4-41），引入拉格朗日乘子 γ_1，γ_2，构造拉格朗日函数：

$$L(\beta_1, b_1, \xi_2, \gamma_1, \gamma_2) = \frac{1}{2} C_3 (\parallel v_1 \parallel^2 \beta_1^{\mathrm{T}} K_{v_1}(C, C) \beta_1 + b_1^2) +$$

$$\frac{1}{2} \parallel K_{v_1}(A, C) \beta_1 + e_1 b_1 \parallel^2 + C_1 S_-^{\mathrm{T}} \xi_2 + \tag{4-42}$$

$$\gamma_1^{\mathrm{T}} (K_{v_1}(B, C) \beta_1 + e_2 b_1 - \xi_2 + e_2) - \gamma_1^{\mathrm{T}} \xi_2$$

根据最优化理论 KKT 条件，分别对 β_1，b_1，ξ_2 求偏导，可以得到

$$C_3 \parallel v_1 \parallel^2 \beta_1^{\mathrm{T}} K_{v_1}(C, C) + K_{v_1}^{\mathrm{T}}(A, C)(K_{v_1}(A, C) \beta_1 + e_1 b_1) +$$

$$K_{v_1}^{\mathrm{T}}(B, C) \gamma_1 = 0 \tag{4-43}$$

$$C_3 b_1 + e_1^T (K_{v_1}(A, C) \beta_1 + e_1 b_1) + e_2^T \gamma_1 = 0 \tag{4-44}$$

$$C_1 S_- - \gamma_1 - \gamma_2 = 0 \tag{4-45}$$

整理式 (4-43) ~式 (4-45) 可以得到

$$C_3 \parallel v_1 \parallel^2 \beta_1^T K_{v_1}(C, C) + K_{v_1}^T(A, C) (K_{v_1}(A, C) \beta_1 + e_1 b_1) =$$
$$- K_{v_1}^T(B, C) \gamma_1$$

$$C_3 b_1 + e_1^T (K_{v_1}(A, C) \beta_1 + e_1 b_1) = - e_2^T \gamma_1$$

$$0 \leqslant \gamma_1 \leqslant C_1 S_- \tag{4-46}$$

令 $H_{v_1} = (K_{v_1}(A,C), e_1)$, $G_{v_1} = (K_{v_1}(B,C), e_2)$, $S_{v_1} = \begin{pmatrix} \parallel v_1 \parallel^2 K_{v_1}(C,C) & 0 \\ 0 & 1 \end{pmatrix}$,

则由式 (4-46) 可得

$$\begin{pmatrix} \beta_1 \\ b_1 \end{pmatrix} = - (H_{v_1}^T H_{v_1} + C_3 S_{v_1})^{-1} G_{v_1}^T \gamma_1 \tag{4-47}$$

所以, 优化问题 (4-37) 的对偶问题为

(K-DTBSTM1)

$$\max_{\gamma_1} \quad e_2^T \gamma_1 - \frac{1}{2} \gamma_1^T G_{v_1} (H_{v_1}^T H_{v_1} + C_3 S_{v_1})^{-1} G_{v_1}^T \gamma_1$$
$$\text{s. t.} \quad 0 \leqslant \gamma_1 \leqslant C_1 S_- \tag{4-48}$$

可以从式 (4-48) 解得 β_1, b_1。从而 $u_1 = \varphi_{v_1}(C) \beta_1 \in \mathbb{R}^{\infty \times 1}$, 令:

$$\varphi_{u_1}(A) = [\varphi^T(X_1^+) u_1, \cdots, \varphi^T(X_p^+) u_1] \in \mathbb{R}^{n_2 \times p} \tag{4-49}$$

$$\varphi_{u_1}(B) = [\varphi^T(X_1^-) u_1, \cdots, \varphi^T(X_q^-) u_1] \in \mathbb{R}^{n_2 \times q} \tag{4-50}$$

则优化问题 (4-35) 可以改写为

(K-FTBSTM1)

$$\min_{v_1, b_1, \xi_2} \quad \frac{1}{2} C_3 (\parallel u_1 \parallel^2 \parallel v_1 \parallel^2 + b_1^2) + \frac{1}{2} \parallel \varphi_{u_1}^T(A) v_1 + e_1 b_1 \parallel^2 +$$
$$C_1 S_-^T \xi_2 \tag{4-51}$$

$$\text{s. t.} \quad - (\varphi_{u_1}^T(B) v_1 + e_2 b_1) + \xi_2 \geqslant e_2, \xi_2 \geqslant 0$$

为了求解优化问题 (4-51), 引入拉格朗日乘子 η_1, η_2, 构造拉格朗日函数:

$$L(v_1, \ b_1, \ \xi_2, \ \eta_1, \ \eta_2) = \frac{1}{2}C_3(\parallel u_1 \parallel^2 \parallel v_1 \parallel^2 + b_1^2)$$

$$+ \frac{1}{2} \parallel \varphi_{u_1}^{\mathrm{T}}(A) \, v_1 + e_1 b_1 \parallel^2 + C_1 \, S_-^{\mathrm{T}} \, \xi_2 +$$

$$\eta_1^{\mathrm{T}}(\varphi_{u_1}^{\mathrm{T}}(B) \, v_1 + e_2 b_1 - \xi_2 + e_2) - \eta_2^{\mathrm{T}} \xi_2 \qquad (4\text{-}52)$$

根据最优化理论 KKT 条件，分别对 v_1，b_1，ξ_2 求偏导，并令其为零，可以得到

$$C_3 \parallel u_1 \parallel^2 v_1 + \varphi_{u_1}(A)(\varphi_{u_1}^{\mathrm{T}}(A) \, v_1 + e_1 b_1) + \varphi_{u_1}(B) \, \eta_1 = 0 \qquad (4\text{-}53)$$

$$C_3 b_1 + e_1^{\mathrm{T}}(\varphi_{u_1}^{\mathrm{T}}(A) \, v_1 + e_1 b_1) + e_2^{\mathrm{T}} \, \eta_1 = 0 \qquad (4\text{-}54)$$

$$C_1 \, S_- - \eta_1 - \eta_2 = 0 \qquad (4\text{-}55)$$

整理可得

$$C_3 \parallel u_1 \parallel^2 v_1 + \varphi_{u_1}(A)(\varphi_{u_1}^{\mathrm{T}}(A) \, v_1 + e_1 b_1) = -\varphi_{u_1}(B) \, \eta_1$$

$$C_3 b_1 + e_1^{\mathrm{T}}(\varphi_{u_1}^{\mathrm{T}}(A) \, v_1 + e_1 b_1) = -e_2^{\mathrm{T}} \, \eta_1 \qquad (4\text{-}56)$$

$$0 \leqslant \eta_1 \leqslant C_1 \, S_-$$

令 $P_{u_1} = (\varphi_{u_1}^{\mathrm{T}}(A), \ e_1)$，$Q_{u_1} = (\varphi_{u_1}^{\mathrm{T}}(B), \ e_2)$，$S_{u_1} = \begin{pmatrix} \parallel u_1 \parallel^2 I_{n_2 \times n_2} & 0 \\ 0 & 1 \end{pmatrix}$，则

由式（4-56）可得

$$\begin{pmatrix} v_1 \\ b_1 \end{pmatrix} = -(P_{u_1}^{\mathrm{T}} P_{u_1} + C_3 S_{u_1})^{-1} Q_{u_1}^{\mathrm{T}} \, \eta_1 \qquad (4\text{-}57)$$

由于：

$$\varphi_{u_1}(A) = [\varphi^{\mathrm{T}}(\mathrm{X}_1^+)\varphi_{v_1}(C) \, \beta_1, \ \cdots, \ \varphi^{\mathrm{T}}(\mathrm{X}_p^+)\varphi_{v_1}(C) \, \beta_1] \qquad (4\text{-}58)$$

$$\varphi_{u_1}(B) = [\varphi^{\mathrm{T}}(\mathrm{X}_1^-)\varphi_{v_1}(C) \, \beta_1, \ \cdots, \ \varphi^{\mathrm{T}}(\mathrm{X}_q^-)\varphi_{v_1}(C) \, \beta_1] \qquad (4\text{-}59)$$

所以，记

$$S_{\beta_1} = \begin{pmatrix} \beta_1^{\mathrm{T}} K_{v_1}(C, \ C) \, \beta_1 I_{n_2 \times n_2} & 0 \\ 0 & 1 \end{pmatrix} \qquad (4\text{-}60)$$

$$H_{\beta_1} = [\varphi_{u_1}^{\mathrm{T}}(A), \ e_1]$$

$$= [(\varphi^{\mathrm{T}}(\mathrm{X}_1^+)\varphi_{v_1}(C) \, \beta_1, \ \cdots, \ \varphi^{\mathrm{T}}(\mathrm{X}_p^+)\varphi_{v_1}(C) \, \beta_1)^{\mathrm{T}}, \ e_1] \qquad (4\text{-}61)$$

$$G_{\beta_1} = [\varphi_{u_1}^{\mathrm{T}}(B), \ e_2]$$
$$= [(\varphi^{\mathrm{T}}(X_1^-)\varphi_{v_1}(C)\beta_1, \ \cdots, \ \varphi^{\mathrm{T}}(X_q^-)\varphi_{v_1}(C)\beta_1)^{\mathrm{T}}, \ e_2] \qquad (4\text{-}62)$$

整理之后可以得到

$$\binom{v_1}{b_1} = -(H_{\beta_1}^{\mathrm{T}} H_{\beta_1} + C_3 S_{\beta_1})^{-1} G_{\beta_1}^{\mathrm{T}} \eta_1 \qquad (4\text{-}63)$$

所以式（4-51）的对偶问题为

（K-DTBSTM1）

$$\max_{\eta_1} \quad e_2^{\mathrm{T}} \eta_1 - \frac{1}{2} \eta_1^{\mathrm{T}} G_{\beta_1} (H_{\beta_1}^{\mathrm{T}} H_{\beta_1} + C_3 S_{\beta_1})^{-1} G_{\beta_1}^{\mathrm{T}} \eta_1 \qquad (4\text{-}64)$$
$$\mathrm{s.\,t.} \quad 0 \leqslant \eta_1 \leqslant C_1 S_-$$

类似地，可以得到式（4-36）的对偶问题。这样交替迭代，就可以求出非平行超平面的具体形式，然后就可以得到 K-FTBSTM 的决策函数，形式如下：

$$\mathrm{Class}i = \arg \min_{i=1,\,2} \frac{|(u_i^*)^{\mathrm{T}}\varphi(X) v_i^* + b_i^*|}{\| u_i^* (v_i^*)^{\mathrm{T}} \|} \qquad (4\text{-}65)$$

4.2.2 算法

第一步：输入数据集 $T = \{(X_1^+, +1, s_1^+), \cdots, (X_p^+, +1, s_p^+), (X_1^-, -1, s_1^-), \cdots, (X_q^-, -1, s_q^-)\}$，初始化：为 v_1, v_2 赋初值，$v_1 = v_2 = (1, \cdots, 1)^{\mathrm{T}}$，选取参数 $C_1, C_2, C_3, C_4 > 0, \varepsilon > 0$；

第二步：计算 $\beta_1, b_1, \beta_1, b_1$ 的求解通过计算如下凸二次规划问题：

（K-TBSTM1）

$$\max_{\gamma_1} \quad e_2^{\mathrm{T}} \gamma_1 - \frac{1}{2} \gamma_1^{\mathrm{T}} G_{v_1} (H_{v_1}^{\mathrm{T}} H_{v_1} + C_3 S_{v_1})^{-1} G_{v_1}^{\mathrm{T}} \gamma_1$$
$$\mathrm{s.\,t.} \quad 0 \leqslant \gamma_1 \leqslant C_1 S_-$$

第三步：计算 v_1, b_2, v_1, b_2 的求解通过计算如下凸二次规划问题：

（K-TBSTM1）

$$\max_{\eta_1} \quad e_2^{\mathrm{T}} \eta_1 - \frac{1}{2} \eta_1^{\mathrm{T}} G_{\beta_1} (H_{\beta_1}^{\mathrm{T}} H_{\beta_1} + C_3 S_{\beta_1})^{-1} G_{\beta_1}^{\mathrm{T}} \eta_1$$
$$\mathrm{s.\,t.} \quad 0 \leqslant \eta_1 \leqslant C_1 S_-$$

第四步：交替进行第二步和第三步，当计算结果同时满足以下条件：$\parallel \beta_1^{(t)} - \beta_1^{(t-1)} \parallel \leqslant \varepsilon$、$\parallel v_1^{(t)} - v_1^{(t-1)} \parallel \leqslant \varepsilon$ 和 $\parallel b_1^{(t)} - b_1^{(t-1)} \parallel \leqslant \varepsilon$ 时，（其中 ε 是事先指定的一个阈值）迭代停止。这时求得的 β_1^*、v_1^* 和 b_1^* 作为输出变量。

第五步：类似于第一步到第四步的交替迭代，可以求得 β_2^*、v_2^* 和 b_2^* 作为输出变量。

第六步：计算决策函数并判别：

$$\text{Class} i = \arg \min_{k=1,2} \frac{|(u_i^*)^{\mathrm{T}} \varphi(X) v_i^* + b_i^*|}{\parallel u_i^*(v_i^*)^{\mathrm{T}} \parallel}$$

其中，$\parallel u_i^*(v_i^*)^{\mathrm{T}} \parallel = \parallel u_i^* \parallel^2 \parallel v_i^* \parallel^2 = (\beta_i^*)^{\mathrm{T}} K_{v_i^*}(C, C) \beta_i^* \parallel v_i^* \parallel^2$，$i = 1, 2$。

下面给出 FTBSTM 算法的收敛性证明。

定理4.1　算法 4.1.2 通过交替迭代求解优化问题（4-19）和（4-29）、（4-20）和（4-30）求得原问题的最优解 (u_i^*, v_i^*, b_i^*)，$i = 1, 2$ 是全局最优，所以 FTBSTM 算法收敛。

证明　设 $f_1(u_1, v_1, b_1)$，$f_2(u_2, v_2, b_2)$ 分别是优化问题（4-2）、（4-3）的目标函数，则

$$f_1(u_1, v_1, b_1) = \frac{1}{2} C_3(\parallel u_1 v_1^{\mathrm{T}} \parallel_{\mathrm{F}}^2 + b_1^2) + \frac{1}{2} \sum_{i=1}^{p} (u_1^{\mathrm{T}} X_i^+ v_1 + b_1)^2 + C_1 \sum_{j=1}^{q} s_j^- \xi_{2j}$$

$$f_2(u_2, v_2, b_2) = \frac{1}{2} C_4(\parallel u_2 v_2^{\mathrm{T}} \parallel_{\mathrm{F}}^2 + b_2^2) + \frac{1}{2} \sum_{j=1}^{q} (u_2^{\mathrm{T}} X_j^- v_2 + b_2)^2 + C_2 \sum_{i=1}^{p} s_i^+ \xi_{1i}$$

根据算法 4.1.2，对于给定的 u_1^0，u_2^0，可以根据相应的 Wolfe 对偶问题（4-19）、（4-20）得到最优解 v_1^0，b_1^0 和 v_2^0，b_2^0，固定 $v_1 = v_1^0$，$v_2 = v_2^0$，则根据相应的 Wolfe 对偶问题（4-29）、（4-30）得到最优解 u_1^1，u_2^1，由此可以得到两个单调递减的序列：

$$f_1(u_1^0, v_1^0, b_1^0) \geqslant f_1(u_1^1, v_1^0, d_1^1) \geqslant f_1(u_1^1, v_1^1, b_1^1) \geqslant f_1(u_1^2, v_1^1, d_1^2) \geqslant \cdots$$

$$f_2(u_2^0, v_2^0, b_2^0) \geqslant f_1(u_2^1, v_2^0, d_2^1) \geqslant f_2(u_2^1, v_2^1, b_2^1) \geqslant f_2(u_2^2, v_2^1, d_2^2) \geqslant \cdots$$

由于 f_1，f_2 的下界为 0，则其收敛。

4.3 数值实验和分析

在本节中，为了验证本文提出的学习模型有效性，从计算时间和分类精度、标准差等方面，对模糊限定双子支持张量机（FTBSTM）、限定双子支持张量机（TBSTM）、模糊限定双子支持向量机（FTBSVM）等几种机器学习方法分别进行比较，从而分别验证了 FTBSTM 在计算时间和分类精度上的优势。

4.3.1 数据集描述

我们采用以下两个数据库：Yale Face Database（Yale）人脸识别数据库和 Olivetti and Research Laboratory（ORL）人脸识别数据库实验中共用了 5 个二阶张量型数据集。这些数据集的具体信息如表 4.1 所示：

表 4.1　数据集介绍

数据集	类别数	样本总数	样本规模
Yale3	15	165	100×100
Yale2	15	165	64×64
Yale1	15	165	32×32
ORL2	40	400	64×64
ORL1	40	400	32×32

ORL 数据库已经在第 4 章做了介绍，所以，下面我们 Yale 数据库简要介绍。

Yale 数据集包括 Yale1、Yale2 和 Yale3 三个数据集，每一个数据集包含 15 个人的 165 张灰度人脸图片，每张图片的像素分别为 32×32、64×64 和 100×100，每个人 11 张图片，照片是在不同光照影响、表情变换等情况下拍摄的。类似 ORL 数据集，这些人脸图片，表情丰富，包括微笑、沉默、长胡子、睁眼、闭眼、带眼镜、不带眼镜等多种表情。

Yale 人脸识别数据库的部分灰度人脸图片如 4.1 所示：

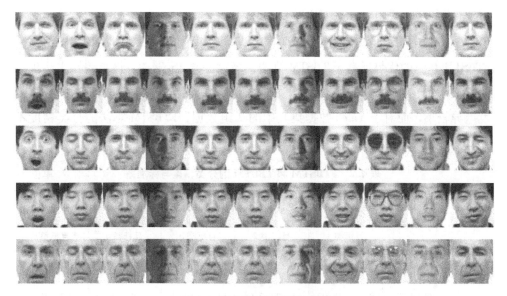

图 4.1 Yale 灰度人脸数据库

4.3.2 实验结果分析

本节的数值实验均在 Windows 7 的个人电脑［Inter Core（TM）3 处理器（2.9GHz），内存 2G］的 MATLAB 2010a 的软件下实现。对于每一次二分类实验，每类随机选取 p 个样本点，共随机选取 $2p$ 个点作为训练集，剩余的点作为测试点，对每一次实验重复 10 次，取这 10 次的平均值作为最终的分类精度。而且，对于选取数值实验的参数 C，都是通过十折交叉检验，从 $\{2^i \mid i = -5, \cdots, 4\}$ 中选取。

1. 关于分类精度的实验结果

ORL 数据库和 Yale 数据库中的图片都是灰度图片，且每张图片的像素不同，因此该数据库中的每一张图片都可以用一个矩阵（二阶张量）表示。在实验之前，对于 ORL 数据集，从 400 张人脸图片中，选取两个人的 20 张图片构成一个特定数据集，称为一个目标类，对其进行二分类预测。对于 Yale 数据集，从 165 张图片中选取两个人的 22 张图片构成一个特定数据集，称为一个目标类，对其进行二分类预测。

FTBSTM 也是一种以张量作为输入的分类算法，其本质是 FTBSVM 的一种变形，从表 4.2，我们不难发现，对于本文的数值实验，在小样本分类问题上，FT-

BSTM 的算法优势明显。当训练样本点个数为 2 的时候，在大多数目标类中，FT-BSTM 算法的分类精度明显高于 TBSTM 算法。例如，对于 ORL2 数据集，FTBSTM 算法的优势远高于 TBSTM 算法，最大差异 13.34%，最小差异也达到了 3.89%，对于 Yale2 数据集，FTBSTM 算法的优势略微高于 TBSTM 算法，分类精度差异较小，而对于 Yale3 数据集其中的 2 组数据，FTBSTM 算法的分类精度不如 TBSTM 算法的分类精度高。

表 4.2 FTBSTM 和 TBSTM 的分类精度与标准差　　　　　单位:%

数据集	算法	训练样本点个数（$p=2$）				
		目标类 1	目标类 2	目标类 3	目标类 4	目标类 5
ORL1	TBSTM	78.89±19.56	76.11±19.95	78.33±16.66	68.89±12.61	64.44±14.15
	FTBSTM	82.22±18.00	86.67±12.06	83.33±17.95	72.22±12.00	72.22±17.57
ORL2	TBSTM	66.67±12.83	82.22±21.40	83.33±17.76	70.56±18.15	87.78±13.04
	FTBSTM	76.67±14.53	95.56±5.11	87.22±14.59	81.67±15.28	94.44±6.42
Yale1	TBSTM	79.50±13.43	83.00±8.88	70.50±14.42	95.50±7.98	79.00±15.42
	FTBSTM	81.50±13.34	87.00±5.37	72.00±16.02	97.50±6.35	86.50±13.13
Yale2	TBSTM	78.00±17.83	87.00±16.02	88.00±9.19	83.50±15.10	74.50±19.07
	FTBSTM	79.50±23.39	88.00±16.87	88.00±8.56	86.50±13.95	75.50±18.02
Yale3	TBSTM	77.50±16.20	65.00±14.34	81.50±8.18	98.00±2.58	97.00±4.83
	FTBSTM	80.00±17.32	66.50±14.73	86.00±4.59	97.50±3.54	96.00±9.37

从图 4.2 和图 4.3 发现，两种算法在不同数据集上的精度标准差变化趋势不同，在大部分数据集中，FTBSTM 的精度标准差要低于 TBSTM 的精度标准差。例如，在 ORL1 数据集的 5 个目标类中，FTBSTM 算法对其中 3 个目标类的标准差优势明显，而在 ORL2 数据集的 5 个目标类中，优势更加突出。由此表明，本部分提出的 FTBSTM 算法具有较高的鲁棒性。

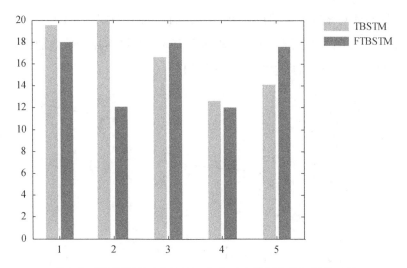

图 4.2 TBSTM 和 FTBSTM 在 ORL1 数据集的标准差比较

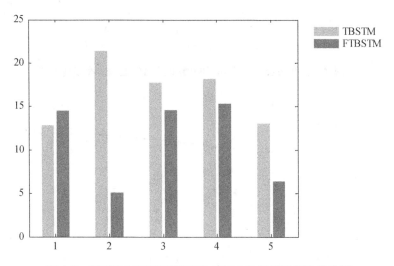

图 4.3 TBSTM 和 FTBSTM 在 ORL2 数据集的标准差比较

从图 4.4 和图 4.5 中容易发现，在训练样本十分充足的情况下，FTBSTM 和 TBSTM 分类方法分类精度接近。例如，对于 Yale3 数据集，当样本点个数为 2 和 4 的时候，FTBSTM 的分类精度略高于 TBSTM 的分类精度，当样本点数增加到 6、8 的时候，TBSTM 的分类精度略高于 FTBSTM，当样本点数增加到 10 的时候，两种分类方法的精度都达到了 100%。而对于 ORL2 数据集，当样本点个数 $p=2$ 的时候，FTBSTM 算法的分类精度是 94.4%，明显高于 TBSTM 的 87.8%，当 $p=4$ 的时候，他们之间的差距从 6.6% 缩减到 3.75%，当样本点个数增加到 6、8、10 的时候，两种分类方法的分类效果是一样的。

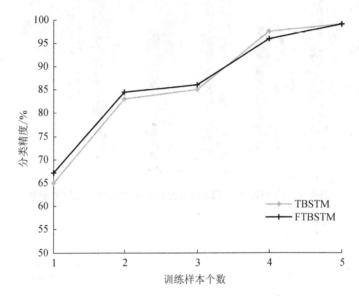

图 4.4　两种分类器在 Yale 100×100 数据集上的分类精度比较

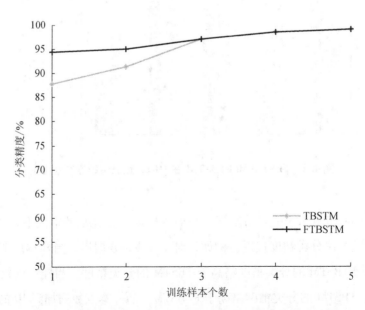

图 4.5　两种分类器在 ORL 64×64 数据集上的分类精度比较

2. 关于过拟合问题和张量算法的时间开销

类似于文献〔95〕我们采用指标敏感度和特异度评估算法对过拟合问题的效果。

表 4.3 给出了 10 折交叉试验下三个算法的平均敏感度和特异度。容易发现，FTBSTM 算法和 FTBSVM 算法的平均特异度比较接近，而 FTBSTM 算法的平均敏感度比 FTBSVM 算法优势明显，尤其当训练样本点个数较小的时候。例如，对于 ORL2 数据集，当训练样本点数是 2 的时候，两个算法的特异度比较接近，而 FTBSTM 算法的平均敏感度和特异度明显高于 FTBSVM 算法的相应指标。这些数值实验验证了张量算法能够有效避免高维小样本问题的过拟合发生。

表 4.3　FTBSTM 和 FTBSVM 的敏感度和特异度　　　　单位:%

数据集	算法	目标类 1		目标类 2		目标类 3		目标类 4		目标类 5	
		敏感度	特异度	敏感度	特异度	敏感度	特异度	敏感度	特异度	敏感度	特异度
ORL1	FTBSVM	95.56	65.56	86.67	82.22	100	76.67	95.56	62.22	73.33	62.22
	FTBSTM	91.11	73.33	85.56	87.78	94.44	72.22	96.67	47.78	72.22	72.22
ORL2	FTBSVM	76.67	74.44	85.56	80.00	96.67	66.67	70.00	63.33	96.67	76.67
	FTBSTM	82.22	71.11	97.78	93.33	95.56	78.89	82.22	81.11	97.78	91.11
Yale1	FTBSVM	82.00	83.00	98.00	83.00	99.00	75.00	100	88.00	86.00	89.00
	FTBSTM	83.00	80.00	99.00	75.00	99.00	45.00	100	95.00	83.00	90.00
Yale2	FTBSVM	85.00	87.00	99.00	70.00	92.00	88.00	92.00	89.00	98.00	53.00
	FTBSTM	85.00	74.00	97.00	79.00	86.00	90.00	85.00	88.00	100	51.00

关于时间开销方面，数值实验结果表明，FTBSTM 算法的计算时间和 TBSTM 算法相差甚微，但是和 FTBSVM 算法相比，训练时间的优势非常明显。从表 4.4 可以看到，对于 Yale 数据集，当训练点数是 2 的时候，FTBSVM 的计算时间是 FTBSTM 的近 50 倍。由此可见，本文提出的 FTBSTM 算法可以处理维数较大的数据集的分类问题。

表 4.4 **FTBSTM 和 FTBSVM** 的训练时间和标准差　　　　　　　　　　单位：s

数据集	算法	目标类 1 训练时间	目标类 2 训练时间	目标类 3 训练时间	目标类 4 训练时间	目标类 5 训练时间
ORL1	FTBSVM	1.0596±0.0585	1.0533±0.0304	1.0639±0.0375	1.0818±0.0380	1.0575±0.0594
	FTBSTM	0.0232±0.0044	0.0232±0.0113	0.0266±0.0115	0.0228±0.0115	0.0237±0.0128
ORL2	FTBSVM	59.788±0.3242	59.811±0.3711	59.678±0.3978	60.053±0.3947	59.515±0.3518
	FTBSTM	0.0463±0.0123	0.0456±0.0110	0.0452±0.0127	0.0473±0.0116	0.0455±0.0160
Yale1	FTBSVM	1.0463±0.0390	1.0606±0.0401	1.0764±0.0460	1.0811±0.0440	1.0738±0.0508
	FTBSTM	0.0255±0.0107	0.0230±0.0111	0.0242±0.0116	0.0234±0.0118	0.0241±0.0113
Yale2	FTBSVM	60.081±1.0714	59.394±0.3598	59.492±0.4032	59.549±0.3247	59.375±0.3626
	FTBSTM	0.0427±0.0114	0.0433±0.0120	0.0395±0.0040	0.0434±0.0126	0.0429±0.0128

4.4　本章小结

本章是本书的第二个核心章节，首先，基于张量表示的数据集，为了保持张量的结构信息，提高张量数据分类器的泛化能力，结合对已存在的张量学习模型的分析，我们构建了模糊限定双子支持张量机模型。该模型以二阶张量作为输入数据，遵循最大间隔原则，本章采用交替超松弛投影算法对模型进行求解，在保持分类精度的情况下，减少了计算时间。对于非线性可分问题，通过非线性映射，构建了基于张量核函数的模糊限定双子支持张量机。

第 5 章　基于张量距离的模糊中心支持张量机模型及算法

对于模式识别的分类、聚类等问题，距离学习具有非常重要的意义。本章内容主要讨论基于距离测度的非线性可分问题。传统的机器学习，大部分采用欧氏距离计算，其优点是简单方便，但是在很多情况下，无法准确保持数据的结构信息。因此，我们利用适合张量数据的距离测度，建立基于距离学习的模糊中心支持张量机。本章最后部分数值实验的结果，体现了基于张量距离的模糊中心支持张量机在分类精度上的优越性。

5.1　距离学习

在5.1节中，我们介绍了距离度量的几种方式，分别包括向量的距离度量和矩阵（二阶张量）的距离度量。

5.1.1　向量距离

已知向量 x，$y \in \mathbb{R}$，则向量 x，y 之间的欧氏距离可以定义为

$$d(x, y) = \| x - y \|_2 = \sqrt{(x-y)^{\mathrm{T}}(x-y)} \qquad (5-1)$$

已知向量 x，$y \in \mathbb{R}$，则向量 x，y 之间的马氏距离可以定义为

$$d(x, y) = \| x - y \|_2 = \sqrt{(x-y)^{\mathrm{T}} S^{-1} (x-y)} \qquad (5-2)$$

其中，矩阵 S^{-1} 为向量 x，y 的协方差矩阵，S^{-1} 的形式不同，表示向量距离的度量不同。当取 S^{-1} 为单位矩阵 I（各个样本向量之间独立同分布）时，就是欧氏距离了。

5.1.2　矩阵距离

类似于向量距离的定义方式，已知矩阵 X，$Y \in \mathbb{R}^{I_1} \otimes \mathbb{R}^{I_2}$，矩阵 X 和 Y 的

向量化展开分别为：$x = \text{vec}(X)$，$y = \text{vec}(Y)$，则矩阵 X，Y 之间的距离可以定义为

$$d(X, Y) = \| X - Y \|_D = \sqrt{(x - y)^{\mathrm{T}} D(x - y)} \qquad (5\text{-}3)$$

其中，矩阵 D 为度量矩阵，D 的形式不同，表示矩阵距离的度量不同。当取 D 为单位矩阵 I 时，（5-3）即是矩阵的欧氏距离：

$$d_{\mathrm{E}}(X, Y) = \sqrt{\langle X - Y, X - Y \rangle} = \sqrt{(x - y)^{\mathrm{T}}(x - y)} \qquad (5\text{-}4)$$

我们将式（5-4）写成如下形式：

$$d_{\mathrm{E}}^2(X, Y) = \sum_{k=1}^{I_1} \sum_{l=1}^{I_2} (x_{(kl)} - y_{(kl)})^2 \qquad (5\text{-}5)$$

在式（5-5）中，当 $k = k'$，$l = l'$ 时，$(x_{(kl)} - y_{(k'l')})^2$ 的权重为 1，否则，$(x_{(kl)} - y_{(k'l')})^2$ 的权重均为 0。

式（5-4）表明，矩阵 X 的向量化展开 x 由 $x_{(1)}$，$\cdots$，$x_{(I_1 \times I_2)}$ 构成，这 $I_1 \times I_2$ 个元素对应的一组基 e_1，$\cdots$，$e_{I_1 \times I_2}$ 满足下面的条件：

$$\begin{cases} e_k^{\mathrm{T}} e_l = 1, & \text{若 } k = l; \\ e_k^{\mathrm{T}} e_l = 0, & \text{否则} \end{cases} \qquad (5\text{-}6)$$

由此我们发现，欧氏空间下，任意两两不同的基向量 e_k 和 e_l 的关系是相互正交，即基向量 e_k 和 e_l 对应的元素 $x_{(k)}$ 和 $x_{(l)}$ 相互独立。所以，基于这种正交假设下建立的欧氏距离，忽视了不同基下元素之间的关系，从而丢失了张量的数量因子之间的位置关系。

为了解释说明用欧氏距离来度量张量数据之间的距离存在局限性，我们从 Yale 灰度人脸数据库中选取了三种照片。每张灰度人脸图片都是用 32×32 的矩阵进行表示，显然图片（a）是一个人，图片（b）和图片（c）是另一个人，也就是说，（a）是一类，（b）和（c）是另一类。

 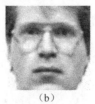 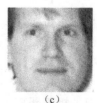

（a）　　　　　　　　（b）　　　　　　　　（c）

图 5.1　Yale 灰度人脸数据库中的三张图片

由于图片 b 和图片 c 属于同一类，图片 a 和图片 b 不属于同一类。所以，根据机器学习中的距离测度理论，图片 b 和图片 c 的距离应该比图片 a 和图片 b 的距离小。因此，我们不难推断出 b 和 c 之间的距离要小于 a 和 b 之间的距离。通过分别计算 b 和 c，a 和 b 之间的欧氏距离，得到

$$d_E(b,\ c) = 7.980,\ d_E(a,\ b) = 7.641$$

计算结果与我们的推断不符，之所以出现这种现象，主要是因为在图片度量里，采用欧氏距离度量图片是不合适的，也就是说，欧氏距离不能够很好地保持张量的结构信息。

文献［65］针对二阶张量（矩阵数据），提出了一种新的基于矩阵数据的距离度量（New second-order Tensor Distance，NTD）。与传统的欧氏距离相比，NTD 更加适合来度量矩阵数据间的距离，因为 NTD 中的度量矩阵 D 保持了矩阵的结构信息。

已知矩阵 X 和 Y 的向量化展开分别为：$x = \text{vec}(X)$，$y = \text{vec}(Y)$，令 p_i 和 p_j 分别表示向量 x 中第 i 个元素 $x_{(i)}$ 和第 j 个元素 $x_{(j)}$ 的坐标，若 $x_{(i)}$ 和 $x_{(j)}$ 在矩阵 X 中的位置坐标分别为 $(k,\ l)$ 和 $(k',\ l')$，则记 p_i 和 p_j 的欧氏距离为

$$|p_i - p_j| = \sqrt{(k - k')^2 + (l - l')^2},\tag{5-7}$$

如图 5.2 所示。

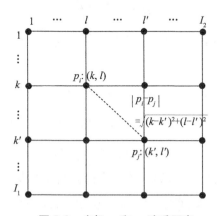

图 5.2　坐标 p_i 和 p_j 欧氏距离

于是，矩阵 X 和 Y 的新矩阵距离具有如下形式：

$$d_{\mathrm{NTD}}(X,\ Y) = \sqrt{\sum_{i,\ j=1}^{I_1 \times I_2} d_{(ij)}(x_{(i)} - y_{(i)})(x_{(j)} - y_{(j)})}$$

$$= \sqrt{(x-y)^{\mathrm{T}}D(x-y)} \tag{5-8}$$

其中，$D = (d_{(ij)})_{I_1 I_2 \times I_1 I_2}$ 为度量矩阵，$x_{(i)}$ 和 $y_{(i)}$，$x_{(j)}$ 和 $y_{(j)}$ 分别为向量 $x = \mathrm{vec}(X)$，$y = \mathrm{vec}(Y)$ 的第 i 个元素，第 j 个元素。

为了能够让度量矩阵 D 保持正定性，以及让新的矩阵距离保持数据结构信息。度量矩阵引入了高斯正定函数（Gaussian Function）：

$$d_{(ij)} = f(|p_i - p_j|) = \frac{1}{2\pi\sigma^2} e^{-\frac{|p_i-p_j|^2}{2\sigma^2}} \tag{5-9}$$

σ 为参数，在计算 $d_{(ij)}$ 时需要提前选定。将式（5-9）带入到式（5-8）中，得到矩阵 X 和 Y 的新矩阵距离公式：

$$d_{\mathrm{NTD}}(X,\ Y) = \sqrt{\frac{1}{2\pi\sigma^2}\sum_{i,\ j=1}^{I_1 \times I_2} e^{-\frac{|p_i-p_j|^2}{2\sigma^2}}(x_{(i)} - y_{(i)})(x_{(j)} - y_{(j)})} \tag{5-10}$$

从新矩阵距离公式（5-10），我们容易发现，欧氏距离是新矩阵距离的一种特殊情况，因为，当 $d_{\mathrm{NTD}}(X,\ Y)$ 中的度量矩阵 D 是单位矩阵 I 时，就退化成矩阵的欧氏距离（5-4）。由于式（5-8）中的度量矩阵 D 为正定矩阵，所以，从计算效率角度考虑，我们将度量矩阵 D 进行分解：

$$D = D^{1/2} D^{1/2} \tag{5-11}$$

把式（5-11）代入式（5-8），令 $x' = D^{1/2}x$，$y' = D^{1/2}y$，又可将式（5-8）写成如下形式：

$$d_{\mathrm{NTD}}(X,\ Y) = \sqrt{(x-y)^{\mathrm{T}}D(x-y)}$$

$$= \sqrt{(x-y)^{\mathrm{T}} D^{1/2} D^{1/2} (x-y)}$$

$$= \sqrt{(x'-y')^{\mathrm{T}}(x'-y')} \tag{5-12}$$

利用新矩阵距离公式（5-12），我们来计算图 6.1 中图片 b 和图片 c，图片 a 和图片 b 的新矩阵距离，$d_{\mathrm{NTD}}(\mathrm{b},\ \mathrm{c}) = 4.320$，$d_{\mathrm{NTD}}(\mathrm{a},\ \mathrm{b}) = 6.182$ 计算结果表明，采用 NTD 进行距离度量后，图片 b 和图片 c 的距离要小于图片 a 和图片 b 的距离，这也正好验证了图片 b 和图片 c 的相似度要高于图片 a 和图片 b 的相似度这一事实。所以，利用新矩阵距离（5-12）来度量矩阵数据间的距离比利用欧氏距离度量矩阵数据间的距离更加合理。

5.2　基于张量距离的模糊中心支持张量机

5.2 节中，为了保持张量数据之间的结构信息，我们建立了基于距离学习的模糊支持张量机模型和算法。

5.2.1　模型建立

给定训练集 $T = \{(X_1, y_1, s_1), \cdots, (X_l, y_l, s_l)\} \in (\mathbb{R}^{n_1} \otimes \mathbb{R}^{n_2} \times \mathbb{Y} \times s)^l$。其中，$X_i \in \mathbb{R}^{n_1} \otimes \mathbb{R}^{n_2}$ 是输入，$y_i \in \{+1, -1\}$ 是类别标签，$s_i \in [0, 1]$ 是 X_i 属于 y_i 的模糊隶属度。基于张量距离的模糊中心支持张量机的优化模型如下：

$$\min_{W, b, \eta} \quad \frac{1}{2} \parallel W \parallel_F^2 + \frac{b^2}{2} + \frac{C}{2} \sum_{i=1}^{l} s_i \eta_i^2 \tag{5-13}$$

$$\text{s.t.} \quad y_i(\langle W, X_i \rangle + b) = 1 - \eta_i, \quad i = 1, \cdots, l$$

其中，C 是用于权衡极大间隔与经验风险重要程度的参数，也称惩罚参数。η_i 是松弛变量。为了求解优化问题，引入拉格朗日函数：

$$L(W, b, \eta, \alpha) = \frac{1}{2} \parallel W \parallel_F^2 + \frac{b^2}{2} + \frac{C}{2} \sum_{i=1}^{l} s_i \eta_i^2$$

$$- \sum_{i=1}^{l} \alpha_i [y_i(\langle W, X_i \rangle + b) - 1 + \eta_i] \tag{5-14}$$

由 KKT 条件可以得到

$$W = \sum_{i=1}^{l} \alpha_i y_i X_i \tag{5-15}$$

$$\sum_{i=1}^{l} \alpha_i y_i = b \tag{5-16}$$

$$\eta_i = \alpha_i / C s_i, \quad i = 1, \cdots, l \tag{5-17}$$

$$y_i(\langle W, X_i \rangle + b) - 1 + \eta_i = 0 \tag{5-18}$$

结合式（5-15）至式（5-18），我们可以通过如下方程组求解 α：

$$(D\psi \psi^T D + D e\, e^T D + C^{-1} S^{-1}) \alpha = e \tag{5-19}$$

其中，$D = \text{diag}(y_1, y_2, \cdots, y_l)$，$S = \text{diag}(s_1, s_2, \cdots, s_l)$，$\psi = (X_1^T, X_2^T, \cdots, X_l^T)^T$，$e = (1, 1, \cdots, 1)^T$。通过求解线性方程组（5-19），最终得到决策函数：

$$f(X) = \text{sgn}\left(\sum_{i=1}^{l} \alpha_i y_i \langle X_i, X \rangle + b \right) \tag{5-20}$$

5.2.2 算法

第一步：输入数据集 $T = \{(X_1, y_1, s_1), \cdots, (X_l, y_l, s_l)\} \in (\mathbb{R}^{n_1} \otimes \mathbb{R}^{n_2} \times Y \times s)^l$，选取参数 $C > 0, \varepsilon > 0$，计算每一个样本 X_i 的隶属度 s_i；

第二步：计算 $\psi\psi^\mathrm{T} = \begin{pmatrix} \langle X_1, X_1 \rangle & \langle X_1, X_2 \rangle & \cdots & \langle X_1, X_l \rangle \\ \langle X_2, X_1 \rangle & \langle X_2, X_2 \rangle & \cdots & \langle X_2, X_l \rangle \\ \vdots & \vdots & \ddots & \vdots \\ \langle X_l, X_1 \rangle & \langle X_l, X_2 \rangle & \cdots & \langle X_l, X_l \rangle \end{pmatrix}$

第三步：将 $\psi\psi^\mathrm{T}$ 带入 $(D\psi\psi^\mathrm{T}D + De\,e^\mathrm{T}D + C^{-1}S^{-1})\,\alpha = e$，求得的 α 和 b；

第四步：利用如下决策函数对新的样本点进行分类：

$$f(X) = \mathrm{sgn}(\sum_{i=1}^{l} \alpha_i y_i \langle X_i, X \rangle + b)$$

5.3 数值实验和分析

在本节中，为了验证基于矩阵距离的学习模型有效性，从计算时间和分类精度两方面，对模糊中心支持向量机（FPSVM）、秩一模糊中心支持张量机（R1-FPSTM）、基于张量距离的模糊中心支持张量机（TD-FPSTM）这几种机器学习方法分别进行比较，从而验证 TD-FPSTM 在解决矩阵数据分类中的有效性。

5.3.1 数据集描述

我们采用以下两个数据库：Yale 人脸识别数据库[100]和 ORL 人脸识别数据库实验中共用了 5 个二阶张量型数据集。ORL 数据库和 Yale 数据库已经在第 4 章和本章做了详细介绍。

5.3.2 实验结果分析

对于每一次二分类实验，每类随机选取 p 个样本点，共随机选取 $2p$ 个点作为训练集，剩余的点作为测试点，对每一次实验重复 10 次，取这 10 次的平均值作为最终的分类精度。而且，对于选取数值实验的参数 C，都是通过十折交叉检验，从 $\{2^i \mid i = -5, \cdots, 5\}$ 中选取。

ORL 数据库图片都是灰度图片，且每张图片的像素相同，因此该数据库中的每一张图片都可以用一个矩阵（二阶张量）表示。在实验之前，对于 ORL 数据

集，从 400 张人脸图片中，选取两个人的 20 张图片进行二分类预测。对于 Yale
数据集，从 165 张图片中选取两个人的 22 张图片进行二分类预测。

从表 5.1 发现，TD-FPSTM 算法在多数情况下，分类效果比其他算法具有明
显的优势，特别是当训练样本点较少的时候，其泛化能力比较突出。例如，对于
ORL1 数据集，TD-FPSTM 算法的优势非常明显，在 5 个目标类中，分类精度都
高于其他算法的精度。ORL2 数据集中，这种优势减弱，其中 3 个的分类精度较
好。但是，对于 Yale3 数据集，TD-FPSTM 算法的分类精度比 PSTM 的高，但是
低于 FPSVM 的分类精度。同时，从图 5.3～图 5.6 看到，对于不同的数据集，随
着训练样本点个数的增加，TD-FPSTM 算法的分类优势逐渐变弱。

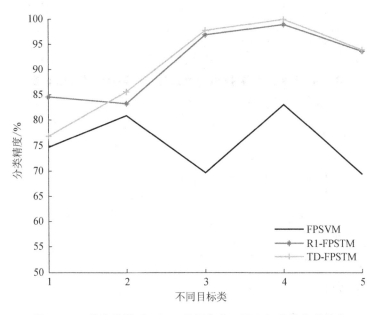

图 5.3　三种分类器对 ORL1 数据集上不同目标类的分类精度

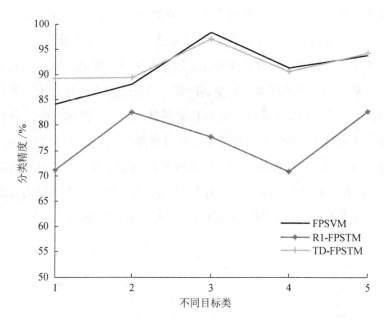

图 5.4　三种分类器对 ORL2 数据集上不同目标类的分类精度

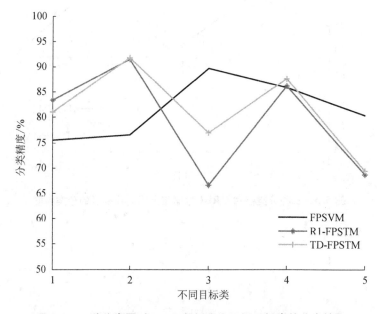

图 5.5　三种分类器对 Yale1 数据集上不同目标类的分类精度

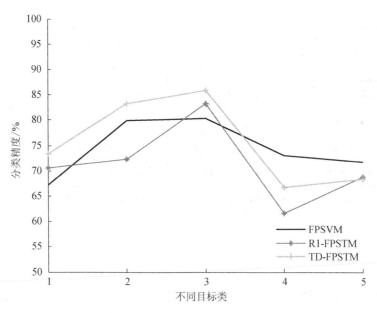

图 5.6　三种分类器对 Yale2 数据集上不同目标类的分类精度

表 5.1　FPSVM、R1-FPSTM、TD-FPSTM 的分类精度比较　　　　单位:%

数据集	算法	训练样本点个数（$p=2$）				
		目标类 1	目标类 2	目标类 3	目标类 4	目标类 5
ORL1	R1-FPSTM	84.51±2.45	96.85±1.21	98.89±0.26	83.21±2.05	93.70±1.17
	FPSVM	74.63±16.53	69.69±14.55	83.15±14.98	80.93±14.08	69.38±15.46
	TD-FPSTM	76.79±3.99	97.72±0.46	99.88±0.39	85.59±2.94	93.89±1.65
ORL2	R1-FPSTM	84.14±2.49	98.33±0.59	91.36±1.62	93.83±0.81	88.09±1.99
	FPSVM	71.11±14.86	77.65±14.46	70.86±13.31	82.72±12.75	82.47±13.33
	TD-FPSTM	89.32±1.74	97.04±0.26	90.56±1.11	94.20±0.91	89.44±2.08
Yale1	R1-FPSTM	83.46±2.96	91.48±1.33	66.53±2.49	87.22±3.60	68.68±4.27
	FPSVM	75.44±20.53	76.56±21.68	89.75±7.08	85.93±9.33	80.37±10.11
	TD-FPBSTM	81.05±2.20	91.73±0.81	77.01±4.07	87.64±2.36	69.44±4.32

续表

数据集	算法	训练样本点个数（$p=2$）				
		目标类 1	目标类 2	目标类 3	目标类 4	目标类 5
Yale2	R1-FPSTM	72.28±2.96	68.83±2.41	83.22±2.84	61.67±2.60	70.56±2.36
	FPSVM	79.89±22.17	71.78±20.14	80.33±19.33	73.06±20.04	67.17±18.13
	TD-FPBSTM	83.28±3.08	68.33±2.07	85.89±3.73	66.72±3.28	73.33±5.42
Yale3	R1-FPSTM	58.67±3.30	66.00±3.48	60.06±1.44	69.83±0.81	84.17±0.50
	FPSVM	69.22±19.53	70.33±18.56	79.67±19.67	88.22±18.35	92.50±13.65
	TD-FPBSTM	58.61±0.98	64.50±2.79	73.39±3.82	66.94±1.48	97.94±1.61

5.4 本章小结

本章主要是解决基于张量数据的分类问题，通过引入一类新的张量（矩阵）距离，提出基于张量距离的模糊中心支持张量机模型（TD-FPSTM），新的模型提高了分类器的泛化能力。TD-FPSTM 模型，一定程度上保持了张量数据的结构信息，从分类效果看，具有一定的优势。

第6章　基于张量距离的模糊限定双子
支持张量机模型及算法

为了更多保持张量数据的结构信息，在本章中，我们提出了一种基于张量距离的模糊限定双子支持张量机模型。

6.1　基于张量距离的模糊限定双子支持张量机

对于分类问题，给定训练集：

$$T = \{(\mathrm{X}_1^+, +1, s_1^+), \cdots, (\mathrm{X}_p^+, +1, s_p^+), (\mathrm{X}_1^-, -1, s_1^-), \cdots, (\mathrm{X}_q^-, -1, s_q^-)\}$$

其中，输入 $\mathrm{X}_i^+ \in \mathbb{R}^{n_1} \otimes \mathbb{R}^{n_2}$ 为二阶张量（$i=1, 2, \cdots, p$），$\mathrm{X}_j^- \in \mathbb{R}^{n_1} \otimes \mathbb{R}^{n_2}$ 为二阶张量（$j=1, 2, \cdots, q$），$\{-1, +1\}$ 为类别标签，$s_i^+ \in [0, 1]$ 是输入 X_i^+ 属于 $+1$ 类的模糊隶属度（$i=1, 2, \cdots, p$），$s_j^- \in [0, 1]$ 是输入 X_j^- 属于 -1 类的模糊隶属度（$j=1, \cdots, q$）。

TD-FTBSTM 是在 FTBSTM 模型中嵌入了张量距离改进的，张量距离的度量体现在其内积运算上，故有：

$$\langle \mathrm{X}, \mathrm{Y} \rangle^* = \langle G^{\frac{1}{2}}x, G^{\frac{1}{2}}y \rangle = x^{\mathrm{T}}Gy \tag{6-1}$$

其中，$x = \mathrm{vec}(\mathrm{X})$，$y = \mathrm{vec}(\mathrm{Y})$。

与模糊限定双子支持张量机类似，TD-FTBSTM 同样要求每一个超平面离一类点尽可能近而离另一类尽可能远，基于张量距离的模糊限定双子支持张量机也将首先寻求一对非平行超平面：

$$f_1(\mathrm{X}) = \langle \mathrm{W}_1, \mathrm{X} \rangle^* + b_1 = 0, \quad f_2(\mathrm{X}) = \langle \mathrm{W}_2, \mathrm{X} \rangle^* + b_2 = 0 \tag{6-2}$$

为了得到上述两个超平面，考虑经验风险最小化和结构风险最小化，TD-FTBSTM 通过求解两个规模较小的凸二次规划问题。其优化模型如下：

（TD-FTBSTM1）

$$\min_{W_1,\,b_1,\,\eta} \quad \frac{1}{2}C_3(\langle W_1,\,W_1\rangle^* + b_1^2) + \frac{1}{2}\sum_{i=1}^{p}(\langle W_1,\,X_i\rangle^* + b_1)^2 +$$

$$C_1\sum_{j=1}^{q}s_j^-\eta_j \tag{6-3}$$

s. t. $\quad -(\langle W_1,\,X_j\rangle^* + b_1) + \eta_j \geqslant 1,\ \eta_j \geqslant 0,\ j = 1,\ \cdots,\ q$

（TD-FTBSTM2）

$$\min_{W_2,\,b_2,\,\xi} \quad \frac{1}{2}C_4(\langle W_2,\,W_2\rangle^* + b_2^2) + \frac{1}{2}\sum_{j=1}^{q}(\langle W_2,\,X_j\rangle^* + b_2)^2 +$$

$$C_2\sum_{i=1}^{p}s_i^+\xi_i \tag{6-4}$$

s. t. $\quad (\langle W_2,\,X_i\rangle^* + b_2) + \xi_i \geqslant 1,\ \xi_i \geqslant 0,\ i = 1,\ \cdots,\ p$

其中，C_1，C_2，C_3，$C_4 > 0$ 为调节参数，ξ_i，η_j 为松弛变量。

首先，令把正类点 X_i^+ 向量化展开得：$x_i = \text{vec}(X_i^+)$，$i = 1,\ 2,\ \cdots,\ p$，$A = [x_1,\ x_2,\ \cdots,\ x_p]$，把负类点 X_j^- 向量化展开得：$x_j = \text{vec}(X_j^-)$，$j = 1,\ 2,\ \cdots,\ q$，$B = [x_1,\ x_2,\ \cdots,\ x_q]$。$w_i = \text{vec}(W_i)$，$i = 1,\ 2$，则优化问题（6-3）可以写为

（TD-FTBSTM1）

$$\min_{w_1,\,b_1,\,\eta} \quad \frac{1}{2}C_3(w_1^T G w_1 + b_1^2) + \frac{1}{2}(A_1^T G w_1 + e_1 b_1)^T(A_1^T G w_1 + e_1 b_1) +$$

$$C_1 S_-^T \eta \tag{6-5}$$

s. t. $\quad -(B_1^T G w_1 + e_2 b_1) + \eta \geqslant e_2,\ \eta \geqslant 0$

（TD-FTBSTM2）

$$\min_{w_2,\,b_2,\,\xi} \quad \frac{1}{2}C_4(w_2^T G w_2 + b_2^2) + \frac{1}{2}(B_1^T G w_2 + e_2 b_2)^T(B_1^T G w_2 + e_2 b_2) +$$

$$C_2 S_+^T \xi \tag{6-6}$$

s. t. $\quad (A_1^T G w_2 + e_1 b_2) + \xi \geqslant e_1,\ \xi \geqslant 0$

因为优化问题 TD-FTBSTM1 和 TD-FTBSTM2 结构相同，所以，我们给出优化问题 TD-FTBSTM1 的具体求解过程。为了求解 TD-FTBSTM1，由最优化理论，我们在式（6-5）首先引入拉格朗日乘子 α_1，β_1，构造拉格朗日函数：

$$L(w_1,\ b_1,\ \eta,\ \alpha_1,\ \beta_1) = \frac{1}{2}C_3(w_1^{\mathrm{T}}Gw_1 + b_1^2) + \frac{1}{2}(A_1^{\mathrm{T}}Gw_1 + e_1b_1)^{\mathrm{T}}$$

$$(A_1^{\mathrm{T}}Gw_1 + e_1b_1) + C_1 S_-^{\mathrm{T}}\ \eta +$$

$$\alpha_1^{\mathrm{T}}(B_1^{\mathrm{T}}Gw_1 + e_2b_1 - \eta + e_2) - \beta_1^{\mathrm{T}}\eta \qquad (6\text{-}7)$$

根据最优化理论 KKT 条件，分别对 w_1，b_1，η 求偏导，得到

$$C_3\, G^{\mathrm{T}}\, w_1 + G\, A_1(A_1^{\mathrm{T}}Gw_1 + e_1b_1) + G\, B_1\, \alpha_1 = 0 \qquad (6\text{-}8)$$

$$C_3 b_1 + e_1^{\mathrm{T}}(A_1^{\mathrm{T}}Gw_1 + e_1b_1) + e_2^{\mathrm{T}}\, \alpha_1 = 0 \qquad (6\text{-}9)$$

$$C_1 S_- - \alpha_1 - \beta_1 = 0 \qquad (6\text{-}10)$$

上式可以整理为

$$\left(\begin{pmatrix} G^{\mathrm{T}} A_1 \\ e_1^{\mathrm{T}} \end{pmatrix}(A_1^{\mathrm{T}}G,\ e_1) + C_3 P\right)\begin{pmatrix} w_1 \\ b_1 \end{pmatrix} + \begin{pmatrix} G\, B_1 \\ e_2^{\mathrm{T}} \end{pmatrix}\alpha_1 = 0 \qquad (6\text{-}11)$$

令 $H = (A_1^{\mathrm{T}}G,\ e_1)$，$F = (B_1^{\mathrm{T}}G,\ e_2)$ ，则上式可以写成：

$$\begin{pmatrix} w_1 \\ b_1 \end{pmatrix} = -(H^{\mathrm{T}}H + C_3 P)^{-1} F^{\mathrm{T}}\alpha_1 \qquad (6\text{-}12)$$

然后把式（6-12）代入到拉格朗日函数里，优化问题 TD-FTBSTM1 的对偶问题为

（R1-DFTBSTM1）

$$\max_{\alpha_1}\quad e_2^{\mathrm{T}}\alpha_1 - \frac{1}{2}\alpha_1^{\mathrm{T}}F(H^{\mathrm{T}}H + C_3 P)^{-1}F^{\mathrm{T}}\alpha_1$$

$$\text{s. t.}\quad 0 \leqslant \alpha_1 \leqslant C_1 S_- \qquad (6\text{-}13)$$

同理，类似式（6-7）~式（6-12）的求解过程，可以得到优化问题 R1-FTBSTM2 的对偶问题为

（R1-DFTBSTM2）

$$\max_{\alpha_2}\quad e_1^{\mathrm{T}}\alpha_2 - \frac{1}{2}\alpha_2^{\mathrm{T}}H(F^{\mathrm{T}}F + C_4 Q)^{-1}H^{\mathrm{T}}\alpha_2$$

$$\text{s. t.}\quad 0 \leqslant \alpha_2 \leqslant C_2 S_+ \qquad (6\text{-}14)$$

这样，当 w_1，w_2，b_1，b_2 求出之后，就可以求出非平行超平面 $f_1(X) = \langle W_1,\ X \rangle^* + b_1 = 0$，$f_2(X) = \langle W_2,\ X \rangle^* + b_2 = 0$ 的具体形式，然后就可以得到 TD-FTBSTM 的决策函数，形式如下：

$$\text{Class}i = \arg\min_{k=1,\,2} \frac{\left|\langle W_k,\ X\rangle^* + b_k\right|}{\sqrt{\langle W_k,\ W_k\rangle^*}} \tag{6-15}$$

6.2 数值实验和分析

本节的数值实验均在 Windows 7 的个人电脑［Inter Core（TM）3 处理器（2.9GHz），内存 2G］的 MATLAB 2010a 的软件下实现的。ORL 数据集和 Yale 数据集已在前面章节详细介绍，本章数值实验仍然针对二分类问题，通过十折交叉检验计算分类精度。

1. 关于分类精度的实验结果

本节比较了基于张量距离的模糊限定双子支持张量机（TD-FTBSTM）和基于张量距离的限定双子支持张量机（TD-TBSTM）的分类算法，数值实验结果表明，在多数数据集中，TD-FTBSTM 算法由于考虑到了不同样本点对分类超平面的贡献大小不同，所以，其分类精度比 TD-TBSTM 算法的分类精度优势明显，表 6.1 给出了两种算法在不同数据集上的分类精度和分类精度标准差。

表 6.1　TD-FTBSTM 和 TD-TBSTM 的分类精度与标准差　　　　单位:%

数据集	算法	训练样本点个数（$p=2$）				
		目标类 1	目标类 2	目标类 3	目标类 4	目标类 5
ORL1	TD-TBSTM	68.89±12.61	60.56±13.97	77.78±17.95	68.89±15.54	74.44±16.81
	TD-FTBSTM	72.22±12.00	76.11±15.72	79.44±15.94	81.67±14.83	81.67±19.43
ORL2	TD-TBSTM	60.56±18.04	78.33±20.02	80.00±15.76	70.00±14.15	80.00±15.54
	TD-FTBSTM	72.22±16.56	91.11±9.51	86.11±14.40	82.22±16.10	92.78±5.89
Yale1	TD-TBSTM	82.00±17.83	69.50±14.80	79.50±13.43	95.50±6.85	84.00±6.58
	TD-FTBSTM	83.00±16.02	82.00±13.58	81.00±12.87	96.00±12.65	89.50±7.25
Yale2	TD-TBSTM	84.00±15.78	82.00±18.74	86.00±9.66	83.50±14.73	63.00±13.98
	TD-FTBSTM	83.50±15.47	83.50±17.17	86.50±9.14	82.00±14.57	65.00±13.33

　　TD-FTBSTM 也是一种以二阶张量作为输入的分类算法，其本质也是 FT-BSVM 的一种变形，从表 6.1，我们不难发现，对于本文的数值实验，在小样本分类问题上，例如，当训练样本点个数为 2 的时候，在大多数目标类中，TD-FTBSTM 算法的分类精度明显高于 TD-TBSTM 算法。这一点也可以从图 6.1 和图 6.2 明显看出，例如，对于 ORL1 数据集，TD-FTBSTM 算法的优势远高于 TD-TBSTM 算法，最大差异 15.55%，最小差异达到了 1.66%，对于 Yale2 数据集的 5 组数据，其中的 2 组数据，TD-FTBSTM 算法的分类精度低于 TD-TBSTM 算法的分类精度。在大部分数据集中，TD-FTBSTM 的精度标准差要低于 TD-TBSTM 的精度标准差。由此表明，本部分提出的 TD-FTBSTM 算法具有较高的鲁棒性。

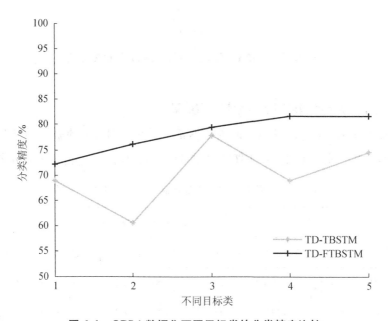

图 6.1　ORL1 数据集不同目标类的分类精度比较

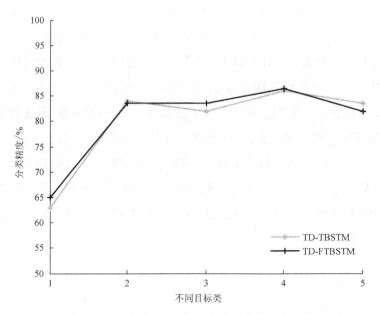

图 6.2　Yale2 数据集不同目标类的分类精度比较

2. 关于添加随机噪声后的数值实验结果

类似于文献［68］，我们在训练数据集上分别添加 5% 的服从不同分布随机噪声，通过数值实验对比 TD-FTBSTM 和 TD-TBSTM 两种分类算法的分类效果。

表 6.2　添加服从均匀分布噪声后的分类精度与标准差　　　　单位:%

数据集	算法	训练样本点个数（$p=2$）				
		目标类 1	目标类 2	目标类 3	目标类 4	目标类 5
ORL1	TD-TBSTM	77.78±18.89	76.11±19.95	78.33±16.24	69.44±12.35	64.44±14.39
	TD-FTBSTM	83.89±17.85	90.00±1.06	84.44±17.53	69.44±12.07	73.89±18.34
ORL2	TD-TBSTM	66.11±13.72	82.22±21.40	83.89±17.85	71.67±17.85	88.33±11.84
	TD-FTBSTM	76.67±14.53	95.56±5.11	87.22±14.59	81.67±15.28	94.44±6.42
Yale1	TD-TBSTM	79.50±13.43	82.00±11.35	69.50±14.54	96.00±8.10	79.50±15.17
	TD-FTBSTM	81.50±12.70	86.00±5.68	70.00±14.91	97.00±6.75	88.00±12.29

续表

数据集	算法	训练样本点个数 $p=2$				
		目标类 1	目标类 2	目标类 3	目标类 4	目标类 5
Yale2	TD-TBSTM	77.50±19.04	87.00±16.02	88.00±9.19	84.00±14.49	75.00±18.71
	TD-FTBSTM	81.50±21.61	87.50±16.54	88.50±9.14	87.50±12.53	73.00±1.18

对于数据集添加随机噪声后，TD-FTBSTM 算法的分类效果要好于 TD-TBSTM 算法，从表 6.2，我们不难发现，对于数据集添加了均匀分布的噪声后，因为 TD-FTBSTM 算法考虑了样本点对分类超平面的作用，在大部分情况下，其分类精度要高。从图 6.3～图 6.6 看到，在 Yale1、Yale2 数据集上添加高斯噪声后，TD-FTBSTM 算法的分类精度明显高于 TD-TBSTM 算法，标准差小于 TD-TBSTM 算法。从而，进一步验证了本章提出模型的分类准确性。

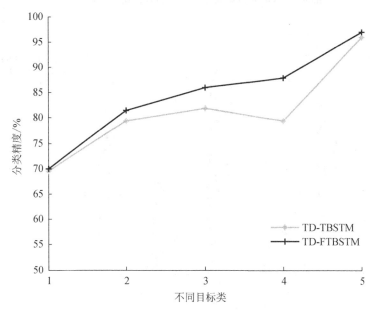

图 6.3　Yale1 数据集添加高斯噪声后的分类精度比较

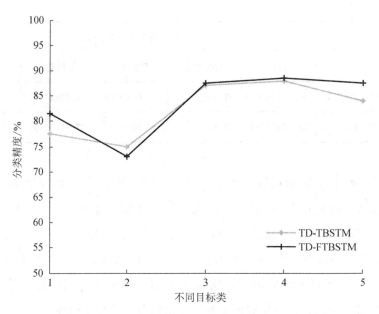

图 6.4　Yale2 数据集添加高斯噪声后的分类精度比较

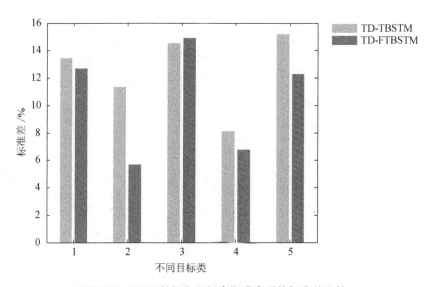

图 6.5　Yale1 数据集添加高斯噪声后的标准差比较

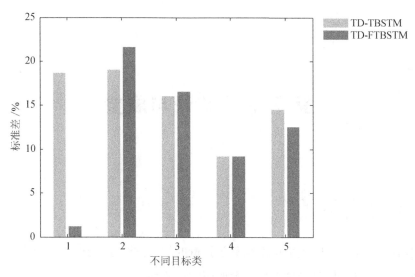

图 6.6　**Yale2 数据集添加高斯噪声后的标准差比较**

6.3　本章小结

本章详细介绍了基于张量距离的模糊限定双子支持张量机模型（Tensor Distance based Fuzzy Twin Bounded Support Tensor Machines，TD-FTBSTM）。该模型同样以二阶张量为输入，保持了张量数据的结构信息。通过在训练数据集中添加随机噪声的方法，验证了该算法的泛化能力。

第7章　结论与展望

7.1　结　论

本书以模糊支持向量机理论和基于张量的学习方法为基础，深入研究了基于张量数据的模糊支持张量机方法。主要研究结论如下：

（1）提出模糊中心支持张量机模型。为了保持数据的结构信息，该模型以二阶张量作为输入数据，遵循最大间隔原则，将二分类问题中的正类点和负类点分开，从而实现对目标类的识别。本书采用交替投影算法对模型进行求解，并给出了相应的算法。对于非线性可分问题，通过在其对偶问题引入一种新的张量核函数，构建了基于张量核函数的模糊中心支持张量机，该模型及其算法不受传统支持张量机秩 1 的约束，求解过程只需要一步，可以节省计算时间。

（2）提出模糊限定双子支持张量机模型。为了保持数据的结构信息，该模型以二阶张量作为输入数据，遵循最大间隔原则，将一个优化问题分成两个较小的优化问题，本书采用交替超松弛投影算法对模型进行求解，在保持分类精度的情况下，减少了计算时间；对于非线性可分问题，通过非线性映射，构建了基于张量核函数的模糊限定双子支持张量机。

（3）提出基于张量距离的模糊中心支持张量机。为了摆脱支持张量机中的秩一约束条件，避免交替投影算法的求解过程，同时考虑到欧氏距离度量张量数据存在一定的局限性，本书通过引入一种新的张量距离度量方式，充分利用了特征的位置关系，一定程度上保持了张量数据的结构信息。模型的算法是通过求解一个线性方程组实现的，避免了秩一约束条件，计算时间优势突出。

（4）提出基于张量距离的模糊限定双子支持张量机模型。该模型同样以二阶张量为输入，保持了张量数据的结构信息。通过在训练数据集中添加随机噪声的方法，验证了该算法的研究了泛化能力。

7.2　展　望

本书对基于张量数据的支持张量机学习方法，虽然从模型和应用上都有一定研究和成果。但是，基于张量数据表示的支持张量机学习方法还有很多问题值得进一步研究。概括起来主要包括以下几个方面。

（1）本书研究的支持张量机方法主要是针对中心支持张量机和限定双子支持张量机，还有很多模型需要推广。

（2）本书研究的是模式分类问题中的两分类问题，对于基于张量表示对数据，多分类问题、回归问题中的模糊学习，也是继续值得研究的问题。

（3）本书基于张量距离，构建了学习模型。如果进一步考虑数据的分布特征，或者引入后验概率的概念，如果结合随机数学对支持张量机模型的研究，是下一步继续需要研究的方面。

（4）基于模糊支持张量机的学习方法应用研究，如到金融时间序列问题、动态信用评估问题等实际问题中。

参考文献

［1］ VAPNIK V. The nature of statistical learning theory ［M］. New York: Springer, 1995.

［2］ ABE S, INOUE T. Fuzzy support vector machines for multiclass problems, in Proceedings of the Tenth European Symposium on Artificial Neural Networks ［J］. Bruges, Belgium, 2002: 113-118.

［3］ HUANG HP, LIN YH. Fuzzy support vector machine for pattern recognition and data mining ［J］. International Journal of Fuzzy Systems, 2002, 4 (3): 826-835.

［4］ ABE S TSUJINSHI D. Fuzzy least squares support vector machines for multiclass problems ［J］. Neural Networks, 2003 (16): 785-792.

［5］ Suykens JAK, De Barbanter J, Lukas L, Vandewalle J. Weighted least squares support vector machines: robustness and sparse approximation ［J］. Neurocomputing, 2002, 48 (1-4): 85-105.

［6］ Jayadeva, Khemchandani R, Chandra S. Fast and robust learning through fuzzy linear proximal support vector machines ［J］. Neurocomputing, 2004, 61 (10): 401-411.

［7］ TAO Q, WANG J. A new fuzzy support vector machine based on the weighted margin ［J］. Neural Processing Letters, 2004, 20 (3): 139-150.

［8］ 杨志民，模糊支持向量机及其应用研究 ［D］. 北京: 中国农业大学, 2005.

［9］ WANG Y Q, WANG S Y, LAI K K, A New Fuzzy Support Vector Machine to Evaluate Credit Risk ［J］. IEEE Transactions on fuzzy systesms, 2005, 13 (6): 820-831.

［10］ Wu Q. The forecasting model based on wavelet ν-support vector machine ［J］. Expert Systems with Applications, 2009, 36 (4): 7604-7610.

［11］ WU Q. A hybrid-forecasting model based on Gaussian support vector machine and chaotic particle swarm optimization ［J］. Expert Systems with Applications, 2009, 37 (3): 2388-2394.

［12］ WU Q, ROB L. Complex system fault diagnosis based on a fuzzy robust wavelet support vector classifier and an adaptive Gaussian particle swarm optimization ［J］. Information Sciences, 2010, 180 (23): 4514-4528.

[13] YANG X W, LU J, et al. A Kernel Fuzzy c-Means Clustering-Based Fuzzy Support Vector Machinie Algorithm for Classification Problems with Outliers or Noises ［J］. IEEE Transactions on Fuzzy Systesms, 2011, 19 (1): 105-115.

[14] AN W J, LIANG M G. Fuzzy support vector machine based on within-class scatter for classification problems with outliers or noises ［J］. Neurocomputing, 2013, 110 (1): 101-110.

[15] 王伟, 任建华, 刘晓帅等. 基于混合隶属度的模糊简约双支持向量机研究 ［J］. 计算机工程与应用, 2015, 51 (10): 36-41.

[16] 秦传东, 刘三阳. 基于可变隶属度的模糊双支持向量机研究 ［J］. 计算机应用与软件, 2016, 33 (2): 138-141.

[17] JIANG X F, et al. Fuzzy SVM with a new fuzzy membership function ［J］. Neural Comput, 2006, 15 (4): 268-276.

[18] 张学工. 模式识别 ［M］. 北京: 清华大学出版社, 2000.

[19] 刘婷婷, 闫德勤, 王琳. 结合正态分布概率 FSVM ［J］. 计算机工程与应用, 2010, 46 (36): 210-233.

[20] 哈明虎, 彭桂兵, 赵秋焕. 一种新的模糊支持支持向量机 ［J］. 计算机工程与应用, 2009, 45 (25): 210-233.

[21] 杨晓伟, 郝志峰. 支持向量机的算法设计与分析 ［M］. 北京: 科学出版社, 2013.

[22] ZHANG X, XIAO X L, XU G V. Fuzzy support vector machine based on affinity among samples ［J］. Software, 2006, 17 (5): 951-958.

[23] Tang H, QU L S. Fuzzy support vector machines with a new fuzzy membership function for pattern classification ［R］. Kunming: International Conference on Machine Learning and Cybernetics, 2008: 768-773.

[24] LATHAUWER L D. Signal processing based on multilinear algebra ［D］. Leuven: Katholieke Universiteit Leuven, 1997.

[25] TAO D C, LI X L, HU W M, MAYBANK S J, WU X D. Supervised tensor learning ［R］. New York: Proceedings of the IEEE Conference on Data Mining, 2005: 450-457.

[26] CAI D, HE X F, HAN J W. Learning with Tensor Representation ［R］. Champaign-Urbana: University of Illinois at Urbana-Champaign, 2006.

[27] TAO D C, LI X L, WU X D, et al. Supervised tensor learning [J]. Knowledge and Information Systems. 2007, 13 (1): 1-42.

[28] KOTSIA I, PATRAS I. Support tucker machines [C]. Colorado Springs: Conference on Computer Vision and Pattern Recogition, 2011: 633-640.

[29] KOTSIA I, GUO W W, PATRAS I. Higher rank support tensor machines for visual recognition [J]. Patter Recognition, 2012, 45 (12): 4192-4203.

[30] GUO W W, KOTSIA I, PATRAS I. Tensor learning for regression [J]. IEEE Transations on Image Processing. 2012, 21 (2): 816-827.

[31] CAI D, HE X F, WEN J R, Han J W, MA W Y. Support tensors machines for text categorization [R]. Champaign-Urbana: University of Illinois at Urbana-Champaign, 2006.

[32] YE J, LI Q. LDA/QR: an efficient and effective dimension reduction algorithm and its theoretical foundation [J]. Pattern Recognition, 2004, 37 (4): 851-854.

[33] HE X F, NIYOGI P. Locality preserving projections [C]. Vancouver: Advances in Nexral Information Processing Systems, 2003.

[34] NIE F, XIANG S M, SONG Y Q, ZHANG C S. Extracting the optimal dimensionality for local tensor discriminant analysis [J]. Pattern Recognition, 2009, 42 (1): 105-114.

[35] YE J, JANARDAN R, QI L. Two - dimensional linear discriminant analysis [C]. Vancouver: Neural Information Prcessing Systems, 2004.

[36] HE X, et al. Tensor subspace analysis [C]. Vancouver: Neural Information Processing System, 2005.

[37] VASILESCU M A O, TERZOPOULOS D. Multilinear image analysis for facial recognition. In Proceedings of International Conference on Pattern Recognition, 2002 [C], pp: 511-514.

[38] SIGNORETTO M, LATHAUWER L D, SUYKENS J A K. A kernel-based framework to tensorial data Analysis [J]. Neural Networks, 2011, 24 (8): 861-874.

[39] DANIUSIS P, VAITKUS P. Kernel regression on matrix patterns [J]. Lithuanian Mathematical Journal, 2008 (34): 191-195.

[40] YAN S, XU D, YANG Q, ZHANG L, TANG X, ZHANG H J. Multilinear discriminant analysis for face recognition [J]. IEEE Transactions on Image Processing, 2007 (16): 212-220.

[41] LU H P, PLATANIOTIS K N, VENETSANOPOULOS A N. Mpca: multilinear principal

component analysis of tensor objects ［J］. IEEE Transations on Neural Networks，2008，19（1）：18-39.

［42］ LI Q, SCHONFELD D. Multilinear Discriminant Analysis for Higher-Order Tensor Data Classification ［J］. IEEE Transactions on Pattern Analysis and Machine Intelligence, 2014, 36（12）.

［43］ KIM T K, CIPOLLA R. Canonical correlation analysis of video volume tensors for action categorization and detection ［J］. IEEE Transations on Pattern Analysis and Machine Intelligence, 2009, 31（8）：1415-1428.

［44］ STEFANOS Z, Discriminant nonnegative tensor factorization algorithms ［J］. IEEE Transations on Neural Networks, 2009, 20（2）：217-235.

［45］ WANG L N, ZHANG Y, FENG J F. On the Euclidean Distance of Images ［J］. IEEE Transactions on Pattern Analysis and Machine Intelligence, 2005, 27（8）：1334-1339.

［46］ LIU Y, LIU Y, ZHONG S H, CHAN K C C. Tensor distance based multilinear globality preserving embedding: A unified tensor based dimensionality reduction framework for image and video classification ［J］. Expert Systems with Applications, 2012, 39（12）：10500-10511.

［47］ HAO Z F, HE L F, CHEN B Q, YANG X W. A Linear Support Higher-Order Tensor Machine for Classification ［J］. IEEE Transactions on Image Processing, 2013, 22（7）：2911-2920.

［48］ CAI D, HE X F, HAN J W. Subspace learning based on tensor analysis ［R］. Chanpaign-Urbana: University of Illinois at Urbana-Champaign, 2005.

［49］ YANG J, ZHANG D, FRANGI A F, et al, Two-Dimensional PCA: A New Approach to Appearance-Based Face Representation and Recognition ［J］. IEEE Transactions on Pattern Analysis and Machine Intelligence, 2004, 26（1）：131-137.

［50］ 余可鸣. 在线最小二乘支持张量机研究 ［D］. 广州：华南理工大学，2016.

［51］ SIGNORETTO M, LATHAUWER L D, SUYKENS J A K. A kernel-based framework to tensorial data Analysis ［J］. Neural Networks, 2011, 24（8）：861-874.

［52］ DANIUSIS P, VAITKUS P. Kernel regression on matrix patterns ［J］. Lithuanian Mathematical Journal, 2008, 48（1）：191-195.

［53］ GAO C, WU X J. Kernel support tensor regression ［J］. Procedia Engineering, 2012（29）：3986-3990.

[54] HE L F, KONG Y X N, YU P S, et al. DuSK: A Dual Structure-preserving Kernel for Supervised Tensor Learning with Applications to Neuroimages [J]. United States: Society for Industrial and Applied Mathematcs, 2014.

[55] LI X L, PANG Y W, YUAN Y. L1-norm-based 2DPCA [J]. IEEE Transactions on Cybernetics, 2010, 40 (4): 1170-1175.

[56] WANG Z, HE X S, GAO D Q, XUE X Y. An efficient kernel-based matrixized least squares support vector machine [J]. Neural Computing and Applications, 2013, 22 (1): 143-150.

[57] GUO T J, HAN L, HE L F, YANG X W. A GA-based feature selection and parameter optimization for linear support higher-order tensor machine [J]. Neurocomputing, 2014 (144): 408-416.

[58] HOU C P, NIE F P, ZHANG C S, YI D Y, WU Y. Multiple rank multi-linear SVM for matrix data classification [J]. Pattern Recognition, 2014, 47 (1): 454-469.

[59] WU F, LIU Y N, ZHUANG Y T. Tensor-Based Transductive Learning for Multimodality Video Semantic Concept Detection [J]. IEEE Transactions On multimedia, 2009, 11 (5): 868-878.

[60] 温浩. 基于张量子空间人脸识别算法研究 [D]. 西安: 西安电子科技大学, 2010.

[61] 何伟. 基于张量空间模型的文本分类研究 [D]. 合肥: 合肥工业大学, 2010.

[62] 牛少波. 基于张量学习的目标识别技术研究 [D]. 西安: 西安电子科技大学, 2010.

[63] 冯蕾. 基于最优投影支持张量机的多分类算法研究 [D]. 西安: 西安电子科技大学, 2011.

[64] 李明. 基于矩阵分解理论学习的数据降维算法研究 [D]. 长春: 辽宁师范大学, 2011.

[65] 章皓. 张量分解及其在图像识别和个性化搜索中的应用——矩阵分解应用的高阶推广 [D]. 天津: 南开大学, 2012.

[66] 陈艳燕. 基于张量理论的单分类模型及算法研究 [D]. 北京: 中国农业大学, 2016.

[67] 邢笛, 葛洪伟, 李志伟. 模糊支持张量机图像分类算法及其应用 [J]. 计算机应用, 2012, 32 (8): 2227-2234.

[68] 蔡燕. 模糊支持张量机 [D]. 广州: 华南理工大学, 2014.

[69] 赵新斌. 基于张量数据的分类方法与应用 [D]. 北京: 中国农业大学, 2015.

[70] 邓乃扬, 田英杰. 支持向量机——理论、算法与拓展 [M]. 北京: 科学出版

社，2009.

[71] 韩立群. 人工神经网络教程 [M]. 北京：北京邮电大学出版社，2006：185-200.

[72] NELLO C, JOHN S T. An introduce to support vector machines and other kernel-based learning methods [M]. Cambridge：Cambridge University Press, 2000.

[73] SUYKENS J A K, VANDEWALLE J. Least squares support vector machine classifiers [J]. Neural Process Lett, 1999 (9)：293-300.

[74] FUNG G, MANGASARIAN O L. Proximal support vector machine classifiers [J]. knowledge discovery and data mining, 2001, 26 (8).

[75] JAYADEVA, KHEMCHANDANI R, CHANDRA S. Twin support vector machines for pattern classification [J]. IEEE Transactions Pattern Analysis and Machine Intelligence, May. 2007, 29 (5)：905-910.

[76] SHAO Y H, ZHANG C H, WANG X B, DENG N Y. Improvements on twin support vector machines [J]. IEEE Transactions on Neural Networks and Learning Systems, 2011, 22 (6)：962-968.

[77] 邵元海. 双子支持向量机研究 [D]. 北京：中国农业大学，2011.

[78] DAVID M J T, ROBERT P W D. Support vector domain description [J]. Pattern Recognition Letters, 1999, 20 (11-13)：1191-1199.

[79] 秦传东，刘三阳. 基于数据域描述的模糊近邻支持向量机算法 [J]. 系统工程与电子技术，2011 (33)：449-453.

[80] 张翔，肖小玲，徐光祐. 基于样本之间紧密度的模糊支持向量机方法 [J]. 软件学报，2006，17 (5)：951-958.

[81] 宋丽妍. 基于双隶属度判定的模糊支持向量机方法研究 [D]. 哈尔滨：哈尔滨工业大学，2011.

[82] KOLDA T G, BADER B W. Tensor decompositions and applications [J]. SIAM Review, 2009, 51 (3)：455-500.

[83] LEE D, SEUNG H. Learning the parts of objects by non-negative matrix factorization [J]. Nature, 1999, 401 (6755)：788-791.

[84] QI L Q, SUN W Y, WANG Y J. Numerical multilinear algebra and its applications [J]. Frontiers of Mathematics in China, 2007, 2 (4)：501-526.

[85] LIU J, MUSIALSKI P, WONKA P, YE J P. Tensor Completion for Estimating Missing Values in Visual Data [J]. IEEE Transactions on Pattern Analysis and Machine Intelligence,

2013, 35（1）：208-215.

[86] CARROLL J D, CHANG J J. Analysis of individual differences in multidimensional scaling via an N－way generalization of "Eckart－Young" decomposition [J]. Psychometrika, 1970, 35（3）：283-319.

[87] HARSHMAN R A. Foundations of the PARAFAC procedure：Models and conditions for an "explanatory" multi－modal factor analysis [D]. Los Angeles：University of California, 1970：1-84.

[88] BRO R, KIERS H A L. A new efficient method for determining the number of components in PARAFAC models [J]. Journal of Chemometrics, 2003, 17（5）：274-286.

[89] MITCHELL B C, BURDICK D S. Slowly converging PARAFAC sequences：Swamps and two－factor degeneracies [J]. Journal of Chemometrics, 1994（8）：155-168.

[90] RAYENS W S, MITCHELL B C. Two－factor degeneracies and a stabilization of PARAFAC [J]. Chemometrics and Intelligent Laboratory Systems, 1997, 38（2）：173-181.

[91] PAATERO P. Construction and analysis of degenerate PARAFAC models [J]. Chemometrics, 2000, 14（3）：285-299.

[92] TUCKER L R. Implications of factor analysis of three－way matrices for measurement of change [M]. Wisconsin：University of Wisconsin Press, 1963：122-137.

[93] TUCKER L R. The extension of factor analysis to three-dimensional matrices [M]. New York：Springer-Verlag, 1964：110-127.

[94] TUCKER L R. Some mathematical notes on three－mode factor analysis [J]. Psychometrika, 1966, 31（3）：279-311.

[95] LEVIN J. Three-Mode Factor Analysis [D]. Urbana：University of Illinois, 1963.

[96] FUKUNAGA K. Introduction to Statistical Patten Recognition [M]. New York：Academic Press, 1990.

[97] 张丽梅. 基于张量模式的特征提取及分类器设计综述 [J]. 山东大学学报, 2009, 39（1）.

[98] LV M, ZHAO X B, JING L. Least Squares Support Tensor Machine [C]. Beijing：11th International Symposium on Operations Research and its Applications in Engineering, Technology and Management, 2013.

[99] KHEMCHANDANI R, KARPATNE A, CHANDRA S. Proximal support tensor machines [J]. International Journal of Machine Learning and Cybernetics, 2013, 4（6）：

703–712.

[100] 石海发. 基于张量数据的双子分类器研究 [D]. 北京, 中国农业大学, 2015.

[101] SIGNORETTO M, LATHAUWER L D, SUYKENS J A K. A kernel–based framework to tensorial data Analysis [J]. Neural Networks, 2011, 24 (8): 861–874.

[102] GAO C, WU X J. Kernel support tensor regression [J]. Procedia Engineering, 2012 (29): 3986–3990.

[103] HE L F, KONGY X N, et al. DuSK: A Dual Structure–preserving Kernel for Supervised Tensor Learning with Applications to Neuroimages [R]. United States: Society for Industrial and Applied Mathematics, 2014.

[104] HULL J J. A database for handwritten text recognition research [J]. IEEE Transactions on Pattern Analysis and Machine Intelligence, 1994, 16 (5): 550–554.

[105] MANGASARIAN O L, MUSICANT D R. Successive overrelaxation for support vector machines [J]. IEEE Transactions on Neural Networks, 1999, 10 (5): 1032–1037.

[106] QUAN Y, YANG J, YAO L X, YE C Z. Successive overrelaxation for support vector regression [J]. Journal of Software. 2004, 15 (2): 200–206.

[107] LUO Z Q, TSENG P. Error bounds and convergence analysis of feasible descent methods: A general approach [J]. Annals of Operations Research, 1993, 46 (1): 157–178.

[108] XU X T, FAN L Y, Gao X Z. TBSTM: A Novel and Fast Nonlinear Classification Method for Image Data [J]. International Journal of Pattern Recognition and Artificial Intelligence, 2015, 29 (8): 1–21.